Sabine Heüveldop

HUSTEN RATGEBER PFERD

Freier atmen, besser leben

Müller Rüschlikon

Einbandgestaltung: R2 I Ravenstein, Verden
Titelfoto: Sabine Heüveldop

Bildnachweis:
Balsiger, Werner: S. 130; Gösmeier, Dr. Ina: S. 19, 34 (li.), 70; Heel GmbH: S. 86; Kappelle, Stephanie: S. 137; Kleine-Wolter, Saskia: S. 144, 146, 147; Lehmann, Thoms: S. 75; Mengeler, Dr. Ulrich: S. 28/29, 34 (re.), 37–42, 94; MycoTroph: S. 72; www.pixabay.com: S. 31, 59–64, 85 (mi.), 154; privat: S. 78, 128, 136, 148; Regumed GmbH: S. 76; Schön, Britta: S. 153; Stammel, Winfried: S. 18, 20, 23, 45; Alle anderen Bilder stammen von Sabine Heüveldop.

ISBN 978-3-275-02134-5

Postfach 103743, 70032 Stuttgart
Ein Unternehmen der Paul Pietsch Verlage GmbH & Co. KG

1. Auflage 2019

Sie finden uns im Internet unter www.mueller-rueschlikon-verlag.de

Lektorat: Claudia König
Innengestaltung: Sabine Heüveldop
Druck und Bindung: Appel & Klinger Druck und Medien GmbH, 96277 Schneckenlohe
Printed in Deutschland

Inhalt

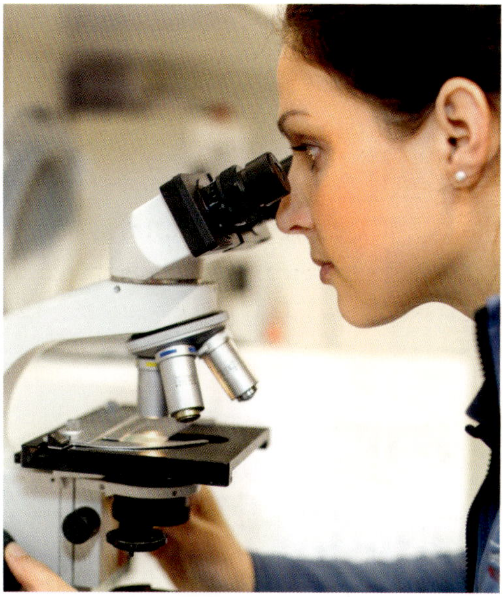

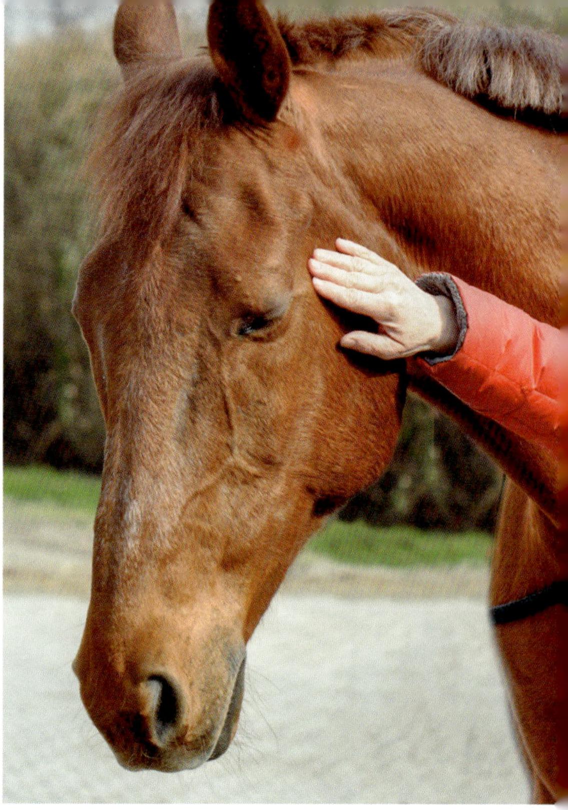

 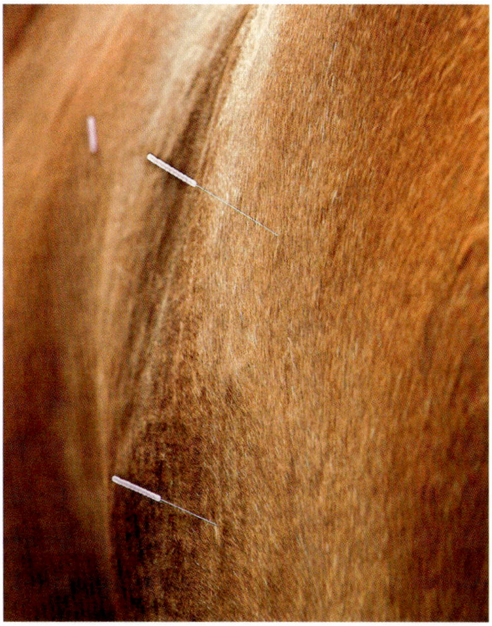

Gesund werden, gesund bleiben

Service

Die Informationen in diesem Buch ersetzen nicht den Tierarzt oder Therapeuten. Medikamente und laufende Therapien dürfen nicht ohne Rücksprache mit den behandelnden Fachleuten verändert oder abgesetzt werden.

KURZ VORWEG

Wussten Sie, dass ein Pferd über seine Atmung jeden Tag etwa 100.000 Liter Luft bewegt? Oder, dass ein Hustenstoß in der Luftröhre bis zu 300 km/h erreichen kann? Der Atmungsapparat ist faszinierend, aber auch sehr sensibel. Erkrankungen der Atemwege gehören zu den häufigsten Erkrankungen unserer Pferde.

Atemwegserkrankungen und der gesamte Hustenkomplex beim Pferd ist ein großes Thema. Die Zahlen sind nach wie vor erschreckend: Umfragen nach ist jedes zweite Pferd betroffen.

Oft purzeln in Diskussionen unter Reitern Schlagworte wie Husten, Allergie, RAO und COB durcheinander. Auch in Internetforen werden viele Tipps ausgetauscht und manchmal geraten dabei Informationen rund um Krankheitsbilder, Therapiemöglichkeiten und Ursachen für Husten durcheinander. Und da ist auch schon der erste Stolperstein: Husten! Er wird häufig als Synonym für unterschiedliche Erkrankungen und Situationen benutzt, wenn eine Gruppe Pferdeleute über Husten spricht. Ob alle das gleiche meinen? Wohl kaum! Und das liegt in der Natur der Sache: Husten an sich bezeichnet im Grunde nur eine Abwehrreaktion des Körpers, die keinen Rückschluss auf Auslöser, Ursache oder Krankheitsbild zulässt. Oder laut Definition: Als Husten bezeichnet man eine stoßartige Expirationsbewegung, die durch die Atemmuskulatur erzeugt wird, und eine Reaktion auf Reizung der Atemwege darstellt. Husten ist also keine eigenständige Erkrankung, sondern ein Symptom. Es sollte jedoch aufmerksam machen.

Bei Pferden, die zu Beginn des Trainings ein paar Mal husten, heißt es oft: »Ach, das ist nicht schlimm, wir husten ja auch mal.« Doch auch dieses Anstoßen sollte Pferdebesitzer hellhörig und aufmerksam machen, denn: Ein gesundes Pferd hustet nicht!

Mit den verschiedenen Themenschwerpunkten möchte dieses Buch dazu beitragen, dass betroffene Pferdehalter Art und Ausmaß einer Erkrankung ihres Pferdes sowie Therapieformen und allgemeine Ratschläge besser

einordnen können. Natürlich kann und soll ein Buch keinen Tierarzt ersetzen – Atemwegserkrankungen gehören in die Hände erfahrener Therapeuten! Allerdings können Pferdebesitzer durch gezielte Haltungsveränderungen und in vielen Fällen durch individuelle Bewegungsprogramme sehr zur Genesung ihrer Pferde beitragen. Ein Großteil der Atemwegserkrankungen ist nämlich ursächlich mit den Haltungsbedingungen bzw. den daraus resultierenden Belastungen verbunden.
Einfache Maßnahmen, vor allem zur Staubreduzierung, verbessern die Situation der Pferde meist so, dass Beschwerden gelindert werden, Erkrankungen heilen und die Pferde wieder mehr Lebensqualität gewinnen.

Keine Selbsttherapie!

Pferde mit akuten Atemwegserkrankungen gehören zunächst in die Hände eines Tierarztes – Pferdehalter können die Genesung ihrer Pferde jedoch sehr gut unterstützen.

Frei durchatmen zu können bedeutet Lebensqualität. Umso mehr schockiert es, dass viele Atemwegserkrankungen lange unerkannt bleiben und betroffene Pferde normal belastet werden.

SO FUNKTIONIERT DIE ATMUNG!

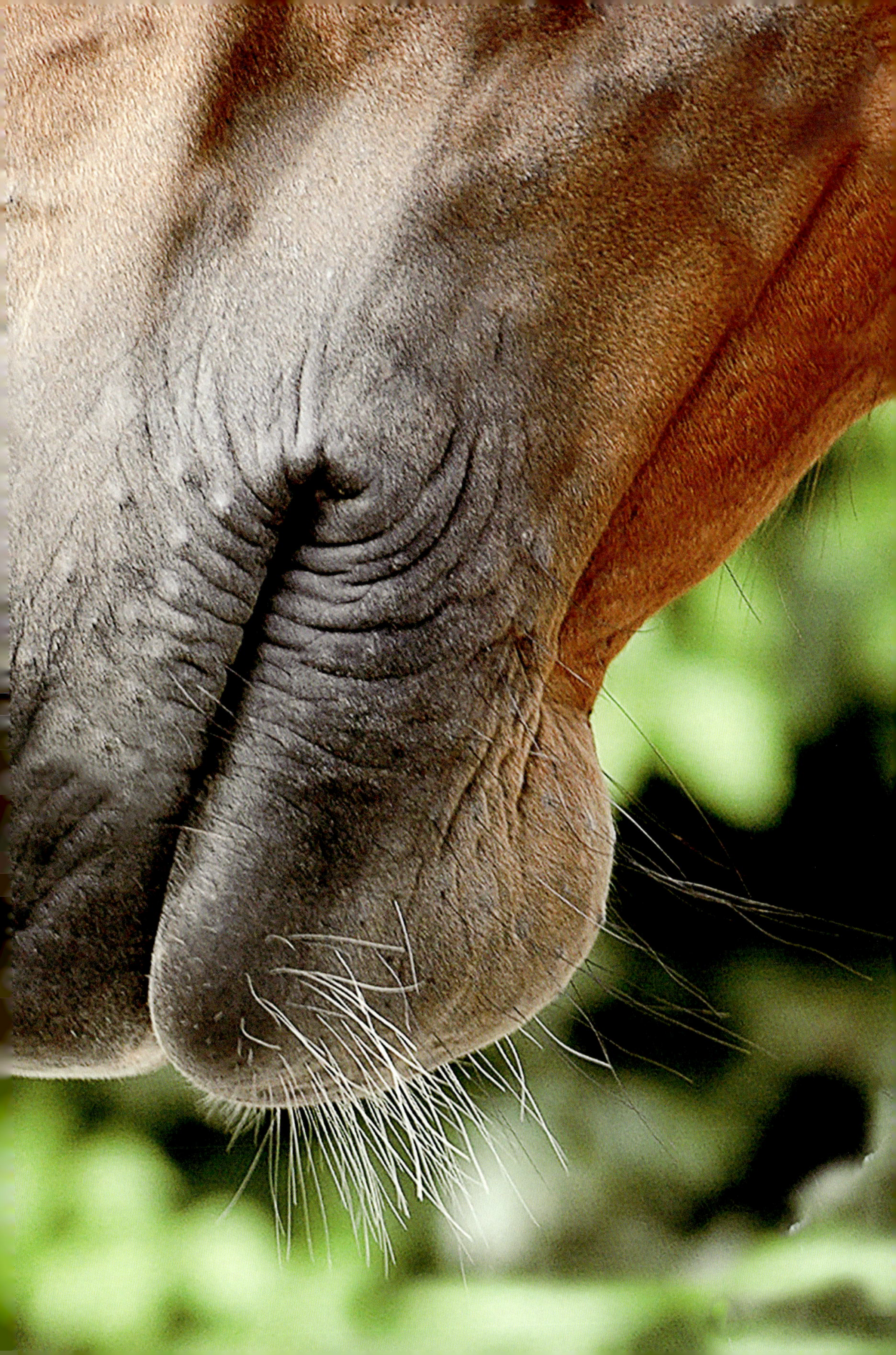

EIN KOMPLEXES SYSTEM

Atmen – das scheint ein oft viel zu selbstverständlicher Vorgang. Einatmen und ausatmen. Luft strömt rein, Luft strömt raus. So weit, so gut. Doch wenn die Luft und damit die Sauerstoffversorgung knapp wird, geraten Mensch und Tier in Not und es ist unmissverständlich klar: Ohne Atmung kein Leben!

Was zeichnet die Lunge und Atemwege des Pferdes aus? Das ist einerseits ein großer und hoch spezialisierter Atmungsapparat, der es dem Lauf- und Fluchttier ermöglicht, seinen Körper optimal mit Sauerstoff zu versorgen – auch, oder gerade dann, wenn es aus der Ruhe plötzlich Höchstleistung bringen und vor Gefahr fliehen muss. Denn, und das ist ein entscheidender Punkt, das Lungenvolumen wird erst bei Höchstleistung komplett genutzt, das heißt auch belüftet. In Ruhe oder bei leichter Arbeit wird nur ein kleiner Teil der Lunge ventiliert.

Doch groß heißt nicht gleichzeitig robust. Die Atemwege bzw. Schleimhäute mit ihren feinen Flimmerhärchen und sensiblen Schutzmechanismen sind sehr empfindlich gegenüber Umwelteinflüssen wie Staub, Pilzsporen, Schadgasen oder Pollen – Reize, denen freilebende Pferde nicht oder nicht in dem Umfang ausgesetzt sind wie unsere Sport- und Freizeitpartner.

Pferd und Mensch verbinden etwa 5000 Jahre gemeinsamer Geschichte, in deren Verlauf sich zwar die Lebensbedingungen für das Pferd stark verändert haben, nicht aber ihre Grundbedürfnisse nach Licht, frischer Luft, Bewegung und Sozialkontakten.

Es ist hilfreich, sich mit den anatomischen Grundlagen des Atmungsapparates und dessen Funktionen vertraut zu machen. Dieses Verständnis erleichtert es, mögliche Risiken zu erkennen und zu verstehen, warum es häufig zu gravierenden Problemen im Bereich der Atemwege und Lunge kommt.

Haben wir eine Vorstellung vom Aufbau des Atmungssystems, dessen einzelnen Bauteilen, Funktionen und möglichen Störfaktoren, wird es leichter fallen, eine Erkrankung zu verstehen und notwendige Maßnahmen zu ergrei-

fen, um unsere Pferde bestmöglich vor Atemwegserkrankungen zu schützen. Denn es sei vorab bereits verraten: Ein Großteil, vor allem der chronischen Atemwegserkrankungen, beruht auf Defiziten in der Haltung – lässt sich durch Haltungsveränderungen aber auch deutlich lindern. Doch zunächst also ein Blick auf die Anatomie des Atemtrakts und die normalen, das heißt physiologischen Abläufe.
Eingeteilt wird das Atmungssystem in zwei Bereiche: die oberen Atemwege mit Nüstern, Nasenhöhle und -nebenhöhlen, Kehlkopf und Luftröhre sowie die unteren Atemwege mit Bronchien und Lunge.

Zahlen und Fakten!

Die gesamte Oberfläche der Pferdelunge ist etwa so groß wie zehn Tennisplätze und zählt damit zu den größten im Tierreich. Das Lungenvolumen eines etwa 500 kg schweren Pferdes beträgt 40 bis 55 Liter. In Ruhe werden aber nur 30 % des Lungenvolumens genutzt. Erst bei maximaler Belastung wird die Lunge komplett belüftet.

Bewegung an der frischen Luft macht Spaß und ist gesund. Doch erst hohe Belastung führt zu einer maximalen Belüftung der Lunge. In Ruhe nutzt das Pferd nur einen kleinen Teil der Kapazitäten!

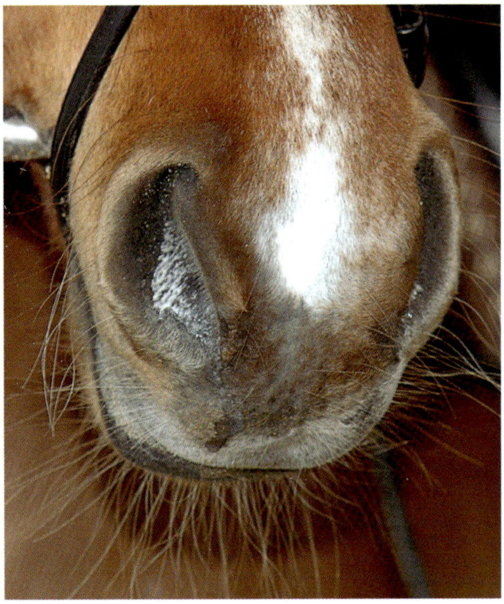

Der Austritt von etwas Flüssigkeit ist normal, weil der Tränennasenkanal in den Nüstern endet.

In Ruhe sind die Nüstern spaltenförmig, bei Belastung oder Atemnot können sie sich stark weiten.

OBERE ATEMWEGE

Nüstern

Die Nüstern sind der Eingang zu den Atemwegen. Sie dienen aber auch der Kommunikation und natürlich dem Riechen.

Bei ruhiger Atmung sind die weichen Nüstern spaltenförmig und bewegen sich nur ganz leicht im Takt des Ein- und Ausatmens, Bei Anstrengung oder Aufregung können die Nüstern weit aufblähen und so die Luftzufuhr regulieren.

Die Haut um die Nüstern ist fein behaart. Diese feinen Haare wirken wie ein Filter und schützen das Pferd vor dem Eindringen von Fremdkörpern. Denn die eingeatmete Luft enthält nicht nur lebenswichtigen Sauerstoff, sondern auch Verunreinigungen und schädliche Partikel wie Pilzsporen, Staub, Bakterien und Viren. Je kleiner diese Partikel sind, desto weiter können sie in das empfindliche Atmungssystem des Pferdes eindringen.

Außer den feinen Härchen befinden sich an Nüstern und Oberlippe längere Tasthaare. Diese sogenannten Vibrissen enden in sehr sensiblen, mit einer Vielzahl verschiedener Nervenzellen ausgestatteten Follikeln.

Tasthaare sind für das Pferd wichtige Antennen und dienen zum Beispiel der Selektion des Futters. Das Pferd kann damit aber auch Gegenstände und Fremdkörper im Kopfbereich erkennen.

Im vorderen Bereich der Nüstern fehlen dem Pferd knorpelige Unterlagen, sodass die Nase des Pferdes im Gegensatz zu anderen Haustieren, wie Hund oder Katze, als weiche Nase bezeichnet wird.

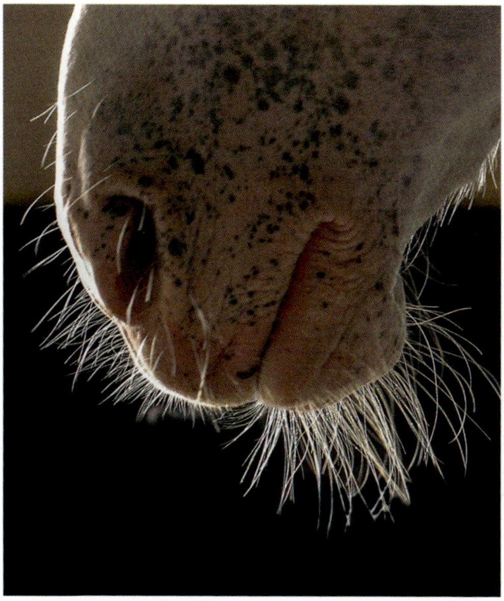

Das Entfernen der Tasthaare und Feinhaare um die Nüstern ist tierschutzrelevant und verboten.

PRAXISTIPP!

Extraschwamm

Damit eventuelle Keime nicht verteilt werden, immer einen separaten Schwamm zum Reinigen von Augen, After, Schlauch oder Euter verwenden. Verschiedene Farben helfen beim Unterscheiden.

Die Nüstern des Pferdes sind etwas verwinkelt und werden durch die Flügelfalte hinter dem Naseneingang in ein so genanntes wahres und ein falsches Nasenloch unterteilt. Die obere Hälfte, das falsche Nasenloch, ist ein blind endender Hautsack, der als Nasentrompete bezeichnet wird und nicht für die Zufuhr der Luft benutzt wird. Nur die untere Hälfte, das wahre Nasenloch, hat Verbindung zu Rachen und Kehlkopf. Hier mündet auch der Tränennasenkanal.

Über das untere Nasenloch führt der Weg auf jeder Kopfseite, getrennt durch die Nasenscheidewand, weiter in die Nasenhöhle, wo das untere Nasenloch sich nochmal verzweigt. Nach oben wird die Nasenhöhle durch das knöcherne Nasenbein begrenzt, das sich sehr markant abzeichnet und von außen gut fühlen lässt. Nach unten trennt der harte Gaumen den Rachen von der Nasenhöhle.

Nasenhöhle

In der Nasenhöhle wird die eingeatmete Luft erwärmt, befeuchtet und gefiltert. Denn die Atemluft enthält ja nicht nur wichtigen Sauerstoff, sondern auch unerwünschte oder sogar schädliche Partikel, die nicht in den Organismus gelangen sollen. Mit Hilfe der feinen Härchen auf der Schleimhaut und dem kontinuierlichen Sekretfluss Richtung Nüstern werden diese wieder Richtung Ausgang transportiert. Im Verhältnis zum großen Schädel ist die Nasenhöhle kleiner als vermutet. Den meisten Platz nehmen hier die Nasenmuscheln ein. Außerdem brauchen die großen Backenzahnwurzeln und Nasennebenhöhlen viel Raum.

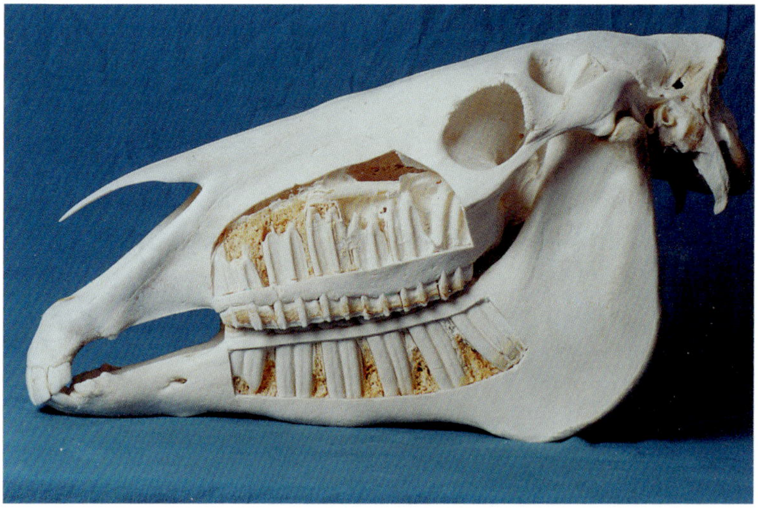

Die Backenzahnwurzeln nehmen viel Platz ein. Einseitiger Nasenausfluss deutet auf Vereiterungen in diesem Bereich hin.

Die Konstruktion der Nasenmuscheln ist kein einfaches Rohrsystem, sondern besteht aus drei Gängen:

1. Oberer Nasengang (Riechgang)
2. Mittlerer Nasengang (Sinusgang)
3. Unterer Nasengang (Atmungsgang)

Einströmende Luft hat also die Möglichkeit, sich zu verteilen. Der obere Nasengang, der oben am Nasenbein vorbeiläuft, leitet die Luft in die Zwischenräume des Siebbeins und kann Gerüche aufnehmen..

Der mittlere Nasengang hat Verbindung zu den Kiefernhöhlen und Nasennebenhöhlen und belüftet diese Räume. Wenn die Luft hier nicht zirkulieren würde, wäre das Infektionsrisiko sehr hoch.

Der untere Nasengang, direkt oberhalb des Gaumens, ist der eigentliche Atmungsgang. Im unteren Nasengang wird die eingeatmete Luft bis zum Rachen über den Kehlkopf in die Lunge geleitet.

Nasennebenhöhlen

Beim Pferd sind im Kopfbereich sechs Hohlräume ausgebildet, die mit Schleimhaut ausgekleidet sind:

- Stirnhöhle
- Dorsale Muschelhöhle
- Kieferhöhle
- Gaumenkeilbeinhöhle
- Mittlere Muschelhöhle
- Ventrale Muschelhöhle

Die endgültige Entwicklung dieser Nasennebenhöhlen erfolgt erst nach der Geburt. Beim Fohlen sind die Nasennebenhöhlen noch sehr klein. Mit zunehmendem Wachstum und Alter des Pferdes verändern sich Form und Größe.

Rachen, Kehlkopf und Luftröhre

Der Rachen ist ein neuralgischer Punkt im Atmungssystem. Hier kreuzen sich die Transportwege von Luft und Nahrung, bevor diese in den vorgesehenen Kanälen, also Luftröhre und Speiseröhre, ihren Weg fortsetzen.

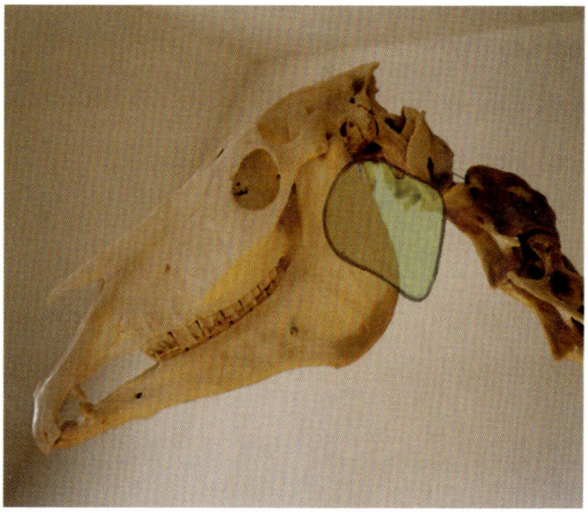

Die Luftsäcke – eine anatomische Besonderheit des Pferdes.

Die beiden Röhrensysteme sind übereinander angeordnet. Das heißt, Atemluft strömt von oben ein und muss in die Luftröhre geleitet werden, die unter der Speiseröhre liegt. Die über das Maul aufgenommene Nahrung muss wiederum in die über der Luftröhre liegende Speiseröhre gelangen. Damit das Pferd keine Luft schluckt und Nahrung nicht in die Luftröhre gelangt, werden hier bei jedem Schluckvorgang Weichen gestellt. Dabei fungiert der Kehldeckel als Verschlussklappe. Nach oben wird der Raum im vorderen Bereich durch knöcherne Strukturen begrenzt, im hinteren Teil übernehmen weiche bewegliche Strukturen die Aufgaben, das sogenannte lange Gaumensegel. Dieses Gaumensegel ist auch dafür verantwortlich, dass das Pferd nur durch die Nüstern atmen kann und nicht durch das Maul.

Das Gaumensegel unterteilt den Rachen in den Atmungsrachen und den Schlingrachen. Der Kehlkopf mit Stimmbandsegeln des Pferdes setzt sich aus mehreren Knorpeln zusammen, die durch Bänder und Muskeln miteinander verbunden sind. Frisst das Pferd, verschließt der Kehldeckel während des Schluckvorgangs die Öffnung zum Kehlkopf, so dass die Nahrung über den Kehldeckel in Schlund und Speiseröhre gelangt. Dieser Vorgang wird durch Muskeln gesteuert. Die Luftröhre ist währenddessen geschlossen und vor dem Eindringen von Nahrung geschützt. Nach dem Schlucken öffnet sich der Kehldeckel wieder und die Luft kann weiter in die Luftröhre strömen. Das Pferd kann also nicht gleichzeitig schlucken und atmen! Der Kehlkopf reguliert die durchströmende Luftmenge und verhindert, dass Fremdpartikel in die unteren Atemwege gelangen. Er ist ein wichtiges Regulativ und als solches auch an der Mechanik des Hustenreflexes beteiligt. So kann er verhindern, dass feste Teilchen in die Luftröhre gelangen. Außerdem enthält der Kehlkopf den Stimmapparat. Das Wiehern entsteht hier über die Konstruktion des Kehlkopfes mit Stimmritze und Stimmfalte.

WIE VIEL LUFT ATMET EIN PFERD?

Ein gesundes Pferd macht in Ruhe etwa 10 bis 16 Atemzüge pro Minute. Dabei strömen etwa 55 Liter Luft durch seine Atemwege. Das sind pro Tag rund 80 000 Liter Luft.

Kehlkopfstellung beim Einatmen | **Kehlkopfstellung beim Ausatmen**

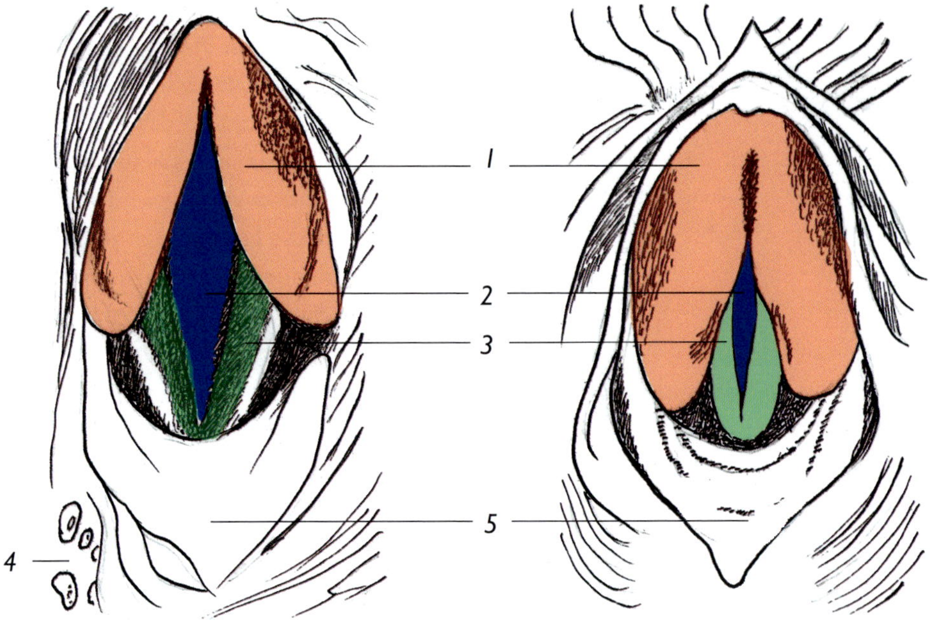

1 Spitzenknorpel des Stellknorpels
2 Stimmritze
3 Stimmfalte
4 Rachenmandel
5 Kehldeckel

Luftsäcke

Vom Rachen führt ein kleiner Kanal, die Eustachi-Röhre, Richtung Ohr. Auf dem Weg zum Ohr befinden sich beidseitg der Ganaschen Aussackungen, die Luftsäcke. Während die Eustachi-Röhre auch beim Menschen vorkommt – sie ist für den Druckausgleich im Mittelohr zuständig und öffnet sich beim Schlucken und Gähnen – sind die Luftsäcke eine Besonderheit beim Pferd. Ihre Funktion ist bisher nicht eindeutig geklärt. Sicher ist aber, dass sich ihre Form und Größe während des Schluckvorgangs verändern, da es zu großen Druckveränderungen kommt, die zum Luftaustausch führen.

Luftröhre (Trachea)

Die eingeatmete Luft wird in die etwa einen Meter lange Luftröhre weitergeleitet. Diese verläuft s-förmig vom Kopf des Pferdes über den Hals zur Brust.

Die Luftröhre hat einen ovalen Querschnitt und ist mit Schleimhaut ausgekleidet. Stabilisiert wird die Luftröhre durch einzelne Knorpelspangen.

Fremdpartikel werden auf dem Sekretfilm Richtung Nüstern abtransportiert, so dass sie nicht in die tieferen Atemwege gelangen. Etwas klarer Ausfluss in den Nüstern ist daher nicht besorgniserregend.

UNTERE ATEMWEGE UND LUNGE

Bronchien

Die Luftröhre führt in den Brustraum und geht dort in das Bronchialsystem innerhalb der Lunge über. Die Lunge füllt zusammen mit dem Herz den gesamten Brustraum des Pferdes aus. Sie besteht aus zwei Lungenflügeln, die nur über die Gabelung der Luftröhre Verbindung haben. Am Brusteingang gabelt sich die Luftröhre in zwei Hauptäste, die beiden Hauptbronchien. Diese Hauptbronchien verästeln sich weiter in die kleinen Bronchien (Bronchioli). Bronchioli, Luftröhre und Bronchien werden mit kleinen Knorpelspangen stabil gehalten.
Am Ende der feinsten Verästelungen befinden sich die Alveolen oder auch Lungenbläschen. Hier findet der Gasaustausch, der Austausch von Sauerstoff und Kohlendioxid statt.

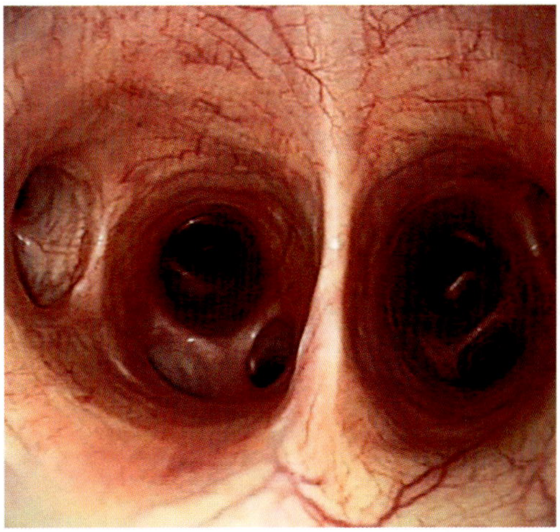

Sieht man bei der Endoskopie auf die Stelle, wo sich die Hauptbronchien nach rechts und links verzweigen, blickt man auf das Septum. Beim gesunden Pferd hat das Septum scharfe Konturen und erinnert an einen Schiffskiel.

Der Gasaustausch

Der Gastaustausch in der Lunge findet also über den Lungenkreislauf an den Lungenbläschen (Alveolen) statt. Die luftgefüllten Alveolen sind eng von feinsten Blutgefäßen, den Lungenkapillaren, umgeben und ihre Wände sind so dünn, dass sie Gase in beide Richtungen durchlassen können (Diffusion). So gelangt Sauerstoff aus den Alveolen in das Blut und kann sich dort an den roten Blutkörperchen anlagern. Das Kohlendioxid im Blut gelangt auf dem gleichen Weg in die Alveolen und wird dort an die Umwelt abgeatmet.
Zum Vergleich: Frischluft enthält rund 21% Sauerstoff (O_2) und 0,04 % Kohlenstoffdioxid (CO_2). Ausgeatmete Luft enthält noch 17 % Sauerstoff und 4 % Kohlenstoffdioxid.

Durch Ein- und Ausatmen findet dieser Austausch etwa acht bis 16 Mal pro Minute statt. Jedes einzelne Lungenbläschen hat einen Durchmesser von etwa 0,3 mm. Da die Pferdelunge aus einigen Millionen Alveolen gebildet wird, steht für den Gasaustausch letztendlich eine Gesamtoberfläche von mehreren hundert Quadratmetern zur Verfügung. Oder anschaulicher: Würde man alle Lungenbläschen eines Pferdes ausbreiten, ließe sich die Fläche eines Fußballfeldes bedecken.
Ein wichtiges Detail: Die Lungenbläschen eines gesunden Pferdes sind elastisch. Das heißt, beim Einatmen werden die kleinen Bläschen aufgepustet und wenn der Sog abreißt und die Muskulatur erschlafft, ziehen sie sich zusammen und drücken die Luft passiv aus dem Organismus.

Die Lungenflügel

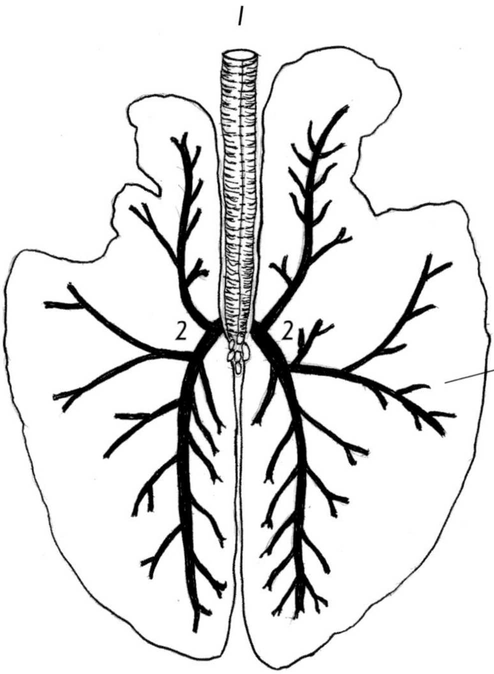

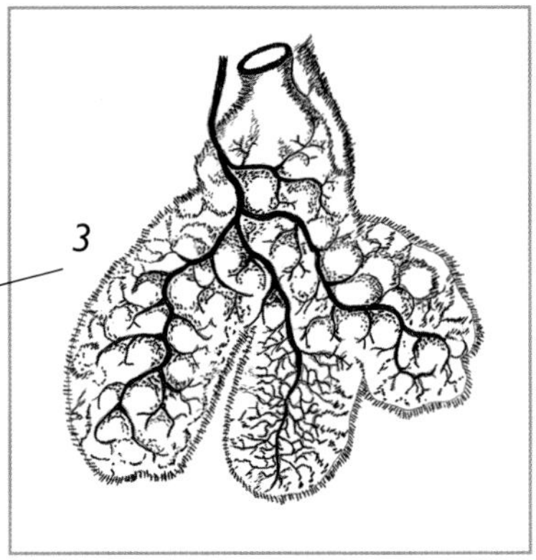

In den Alveolen findet der Gasaustausch statt.

1 Luftröhre, 2 Bronchien, 3 Alveolen

Mit den Ästen, Verzweigungen und Verästelungen erinnert das Gebilde an einen Baum und wird daher auch als Bronchialbaum bezeichnet.

Dieses System, kann durch Überlastung so geschädigt werden, dass die Lungenbläschen platzen. Mediziner sprechen dann von einem Lungenemphysem. Dieser Zustand ist nicht mehr umzukehren, das heißt, die Lunge ist dauerhaft geschädigt. Betroffene Pferde müssen ihre Bauchmuskulatur beim Ausatmen einsetzen, um die Luft aktiv herauszupressen.

Wenn die Bronchien entzündlich verändert sind oder Pferde einer konzentrierten Belastung mit Feinstaub oder Krankheitserregern ausgesetzt sind, schließen sich die Bronchien. Das hat die Natur so eingerichtet, um die Lunge zu schützen. Mediziner sprechen in so einem Fall von einem Bronchospasmus. Diese Schutzfunktion macht im Alltag Probleme, wenn Pferde relativ konstant hohen Staubbelastungen ausgesetzt sind, welche die Atemwege reizen und diesen Mechanismus verursachen. Die Bronchien verengen sich und in der Folge wird die Lunge nicht mehr ausreichend belüftet. Bleiben wir aber zunächst noch bei dem gesunden Pferd und dessen physiologischen Abläufen.

EIN- UND AUSATMEN

Atemmuskulatur und Zwerchfell

Am Prozess der Atmung sind mehrere Muskelgruppen und Hilfsmuskeln beteiligt. Darunter Zwischenrippenmuskeln und Zwerchfell. Das Zwerchfell verläuft beim Pferd bogenförmig und trennt hinter der Lunge liegend den Brust- vom Bauchraum. Es hat seinen Ansatz im Bereich des Rückens an der Vorderfläche des letzten Wirbelkörper der Brustwirbelsäule und an den ersten Wirbeln der Lendenwirbelsäule. Vorne setzt es am Brustbein an und seitlich innen an den so genannten falschen Rippen.

Das Einatmen erfolgt über Zwischenrippenmuskulatur und Zwerchfell. Dieses bewegt sich beim Einatmen nach hinten, also Richtung Schweif. Die elastische Lunge dehnt sich aus und es entsteht ein Unterdruck, durch den Luft eingesogen wird. Das Ausatmen erfolgt durch Erschlaffen der Atemmuskulatur und Zusammenziehen der Lunge. Dabei wölbt sich das Zwerchfell nach oben Richtung Pferdekopf und liegt wie ein aufgeblähter Fallschirm im Brustkorb.

Unter Belastung kann die Atemfrequenz von acht bis 16 Zügen auf bis zu 100 Atemzüge pro Minute steigen. Dabei werden dann zum Ausatmen auch Muskeln der Brust- und Bauchwand eingesetzt.

Keine Maulatmung

Das Pferd kann nur über die Nüstern atmen, nicht durch das Maul. Wir können bei einer starken Erkältung mit verstopfter Nase durch den Mund atmen. Diese Ausweichmöglichkeit haben Pferde nicht. Deshalb sollten Pferde mit verschleimten und verengten Atemwegen nur nach Rücksprache mit dem Tierarzt belastet werden. Je nach Art der Erkrankung kann Bewegung helfen oder schaden. Durch die ausschließliche Nüsternatmung kann unter Umständen Sekret in die Lunge gesogen werden.

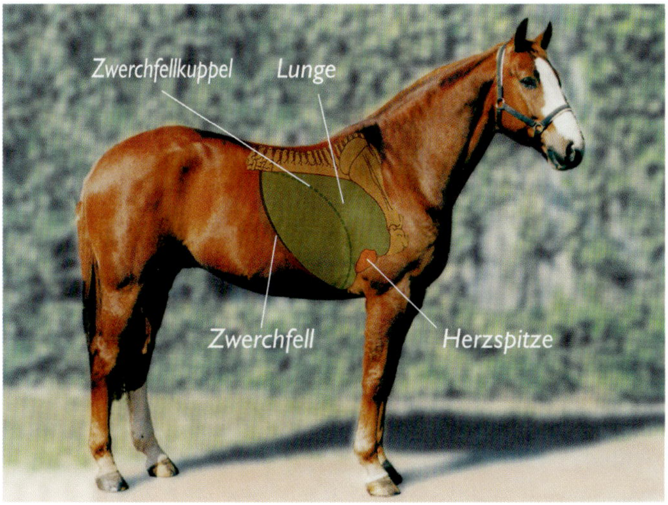

Die Lage des Zwerchfells

DIE SCHLEIMHAUT

Die Lunge ist ein so empfindliches System, weil hier das Körperinnere direkt mit der Außenwelt konfrontiert ist. Zusammen mit der Luft gelangen nicht nur flüchtige Gase in die Atmungsorgane. Auch Staub, Pollen und andere Partikel, die in der Luft schweben, werden eingeatmet. Nicht alle finden durch Ausatmen wieder ihren Weg nach draußen.

Damit eingeatmete Teilchen nicht in die Lunge geraten, befindet sich auf der Innenseite der Atemwege die Bronchialschleimhaut mit Schleim produzierenden Becherzellen und Flimmerhärchen.

Das ist perfektes Teamwork: Der Schleim fängt die Fremdkörper ab, die beweglichen Flimmerhärchen transportieren den Schleim stetig aus der Lunge in Richtung Maul, wo sie dann abgeschluckt werden. Größere Partikel werden auch durch kräftiges Husten ausgestoßen, wenn sich das Pferd zum Beispiel verschluckt hat.

Letzteres funktioniert, weil Schleim oder eingeatmete Fremdkörper entsprechende Nerven und Sinneszellen, die sich ebenfalls in dem Flimmerepithel befinden, reizen. Außerdem sitzen in der Bronchialschleimhaut viele Zellen der Immunabwehr.

Die Alveolen werden auch durch einen Sekretfilm (Surfactant) geschützt, der besondere Fresszellen (Makrophagen) enthält. Diese Fresszellen können Fremdkörper, wie beispielsweise Viren, aufnehmen und verwerten.

Die Schleimhaut schützt also vor Staub, Allergenen wie Blütenpollen und auch Bakterien und Viren – dazu muss sie aber feucht sein. Trocknet der Schleimsee auf den feinen Härchen ein, was durch chronische Entzündungen beispielsweise passieren kann, geht die wichtige Schutzfunktion verloren. Kleine Partikel setzen sich dann zwischen den Härchen fest, verstopfen das System und die Anfälligkeit für Infektionen wächst.

Gelingt es Krankheitserregern, in den Körper einzudringen, kommt es zu einer Entzündung. Die Immunabwehr mobilisiert alle Kräfte, um die Keime abzutöten:

- Die Schleimhaut schwillt an, da viele Immunabwehrzellen zum Ort des Geschehens transportiert werden.
- Die Becherzellen produzieren vermehrt Schleim, um die Krankheitserreger schnell aus dem System abtransportieren zu können. Das verengt allerdings auch den Weg, den die Luft nimmt, das Atmen wird schwerer.

Liegt eine chronische Entzündung der Atemwege vor, geht diese mit einer erhöhten Empfindlichkeit der Bronchien einher. Deshalb müssen Pferde mit chronischer Bronchitis so staubarm wie möglich gehalten werden.

Je tiefer man in den Atemwegen vordringt, desto geringer wird die Anzahl der Zellen, die den Hustenreiz auslösen. Dieser Umstand führt zu dem Trugschluss, dass ein Pferd, das nicht hustet, keine Atemwegserkrankung haben kann. Die tiefen Atemwege können jedoch verschleimt sein, ohne dass ein Hustenreiz ausgelöst wird. Tierärzten werden daher häufig Pferde vorgestellt, die selten oder gar nicht husten, bei der endoskopischen Untersuchung aber eine hochgradige Verschleimung der tiefen Atemwege festgestellt wird. Betroffene Pferde fallen nicht mehr durch Husten auf, die Erkrankung schreitet aber voran.

WICHTIGE SCHUTZ- UND REINIGUNGSMECHANISMEN

Gesunde Atemwege sind mit einer funktionstüchtigen Schleimhaut ausgestattet, die auch als Flimmerepithel bezeichnet wird. Charakteristisch für diese Schleimhaut sind die Flimmerhärchen, die sich unter dem Elektronenmikroskop wie ein Ährenfeld darstellen.

In dem tiefen Gewebe bilden zudem spezielle Zellen (Becherzellen) einen dünnen, klaren Schleim, der durch die gleichförmige Bewegung der Zilien Richtung Maul transportiert wird. Zusammen mit diesem gesunden wässrigen Schleim werden auch organische und anorganische Schadstoffe, wie Viren, Bakterien oder Staub, abtransportiert. Dieser Mechanismus wird als mukoziliäre Clearance bezeichnet.

Nach einer starken Virusinfektion lässt sich unter dem Mikroskop beobachten, dass die Zilien wie ein gemähter Rasen aussehen, kurz und ungeordnet ist das Erscheinungsbild in diesem Zustand. Die Konsequenz: Die Funktion ist so beeinträchtigt, dass Fremdpartikel nicht mehr befördert werden können. Stattdessen sterben Zilien ab und wachsen nicht mehr in dem Maße nach, wie es in gesundem Zustand der Fall wäre.

Pferde mit einer derart geschädigten Schleimhaut sind anfälliger für Viren, Bakterien aber auch für Reizungen durch Staub und Pilzsporen aus Heu und Stroh. Es besteht die Gefahr, dass Fremdstoffe bis in die Lunge vordringen.

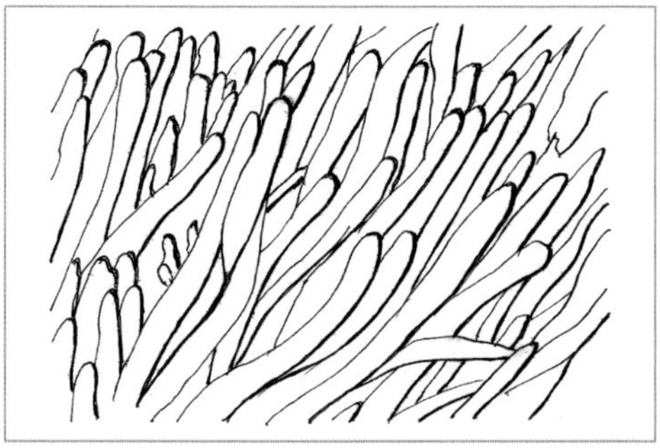

Gesunde Zilien unter dem Elektronenmikroskop: Sie bewegen sich gleichförmig in eine Richtung, sodass Schleim und Fremdpartikel abtransportiert werden können.

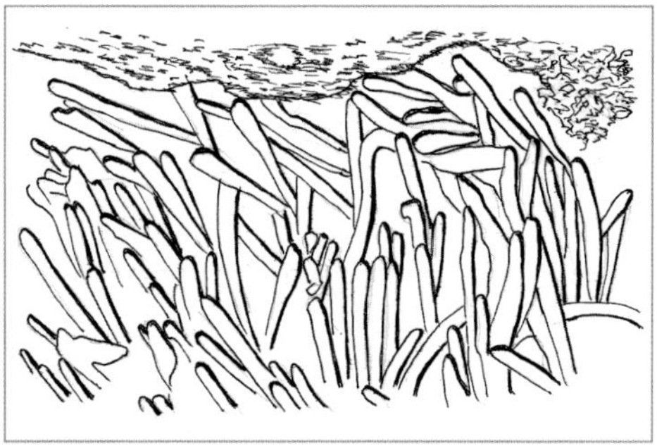

Geschädigte Zilien liegen kreuz und quer durcheinander und sind in ihrer Funktion so eingeschränkt, dass der Transportmechanismus nicht mehr ausreichend stattfindet.

IST MEIN PFERD KRANK?

Ist die plötzliche Trägheit eine Laune oder Grund zur Besorgnis? Hat die Appetitlosigkeit eine ernste Ursache oder gibt es eine harmlose Erklärung? Manchmal ist es gar nicht so einfach, den Gesundheitszustand seines Pferdes richtig einzuschätzen. Einerseits soll eine mögliche Erkrankung nicht verharmlost werden, andererseits müssen für reine Befindlichkeitsstörungen keine Rettungsaktionen organisiert werden.
Wichtige Hinweise gibt ein kleiner Gesundheits-Check, den jeder Pferdehalter selbst durchführen kann: Die P-A-T-Werte stehen für Puls, Atemfrequenz und Temperatur. Sie sind wichtige Parameter und beantworten die vordringlichen Fragen: Sind alle wichtigen Werte unauffällig oder muss der Tierarzt gerufen werden?

Puls

30 bis 40 Schläge in der Minute

Der Puls des Pferdes kann an verschiedenen Körperstellen gefühlt werden, zum Beispiel an der Unterkieferarterie. Diese verläuft nahezu in der Mitte über den Knochengrat des Unterkiefers. Diese Arterie ist etwa bleistiftdick und lässt sich deutlich fühlen.
Nach körperlicher Belastung, bei Aufregung und Angst, aber auch bei Infektionen und Fieber steigt die Pulsfrequenz.

Eine Stelle, um den Puls zu messen, ist leicht versetzt hinter dem Auge. Tipp: Zählen Sie 15 Sekunden lang die Schläge und multiplizieren Sie den Wert mit vier.

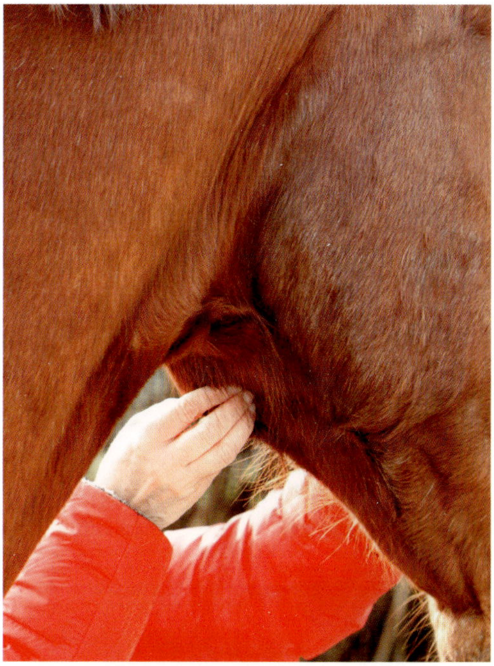

Die Unterkieferarterie ist gut zu fühlen, aber nicht den Daumen zur Pulskontrolle benutzen! Dieser hat einen eigenen Puls, der dann gespürt wird.

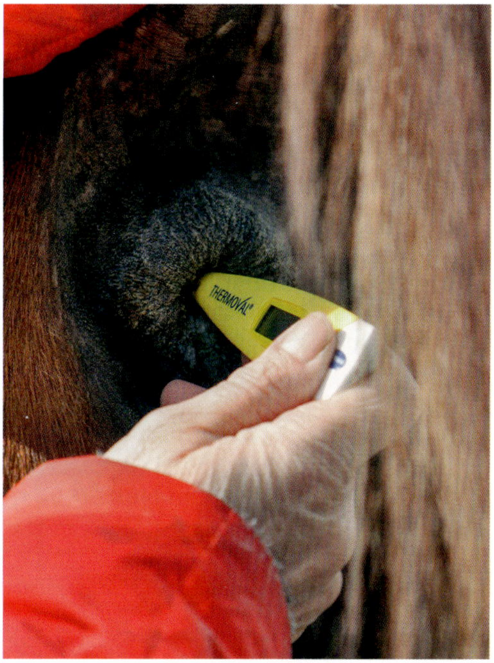

Um die Körpertemperatur beim Pferd zu messen, kann ein herkömmliches Fieberthermometer verwendet werden.

Atmung

8 bis 16 Atemzüge pro Minute

Die Atemfrequenz lässt sich ermitteln, indem Sie die Flankenbewegung beobachten oder indem Sie Ihre Hand hinter dem Rippenbogen an der Flanke des Pferdes auflegen und zählen. Stellen Sie sich leicht schräg neben das Pferd und zählen Sie eine Minute lang die Einatmungsbewegungen – acht bis 16 tiefe, gleichmäßige Atemzüge pro Minute sind normal.

Doch nicht nur eine beschleunigte Atmung, sondern auch angestrengtes Atmen mit geblähten Nüstern sind Hinweise auf mögliche Erkrankungen.

Temperatur

37,0° bis 38,0° Celsius

Die Körperinnentemperatur wird am bestem im After gemessen, mit einem handelsüblichen digitalen Fieberthermometer, da das Ende der Messung durch einen Piepton angezeigt wird. Während der Messung hält man das Thermometer am besten fest. 37,5 bis 38° gelten bei einem ausgewachsenen Pferd als normal. Schwankungen sind je nach Tageszeit und Wetterlage möglich. Klettert die Anzeige auf 39°C und höher, deutet das auf eine ernsthafte Erkrankung hin. Der Tierarzt muss umgehend verständigt werden. Eine Virusinfektion kann zu einem Anstieg bis auf 40°C, manchmal 42°C führen.

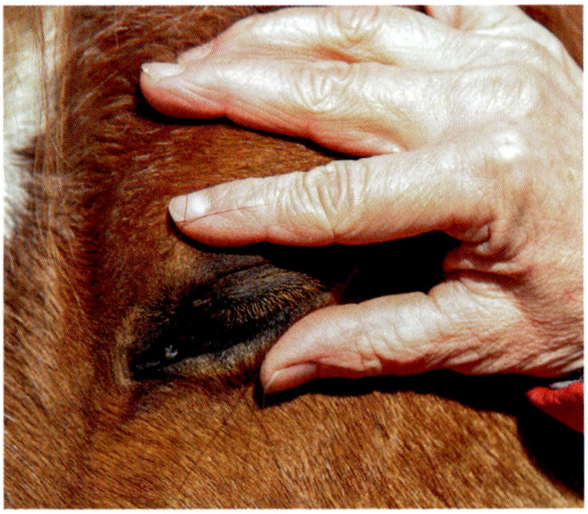

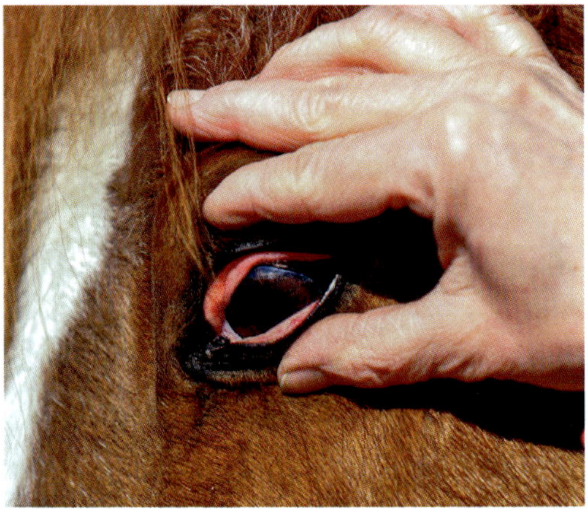

Kontrolle der Augenschleimhaut.

PRAXISTIPP!

Wichtige Informationen

Ihr Tierarzt kann sich besser auf die Situation einstellen und Ihnen unter Umständen notwendige Sofortmaßnahmen empfehlen, wenn Sie die P-A-T-Werte bei einem Notfall durchgeben können.

Für den individuellen Normwert eines Pferdes sollte man einige Tage in Folge jeweils morgens vor dem Füttern die Körpertemperatur messen. Liegt der individuelle Wert eher im unteren Bereich, kann ein Temperaturanstieg, der formal noch im Normbereich liegt, bereits Hinweis auf eine Erkrankung sein. Auf die Prozedur des Fiebermessens reagieren manche Pferde unwillig. Daher sollten Sie einige Vorsichtsmaßnahmen berücksichtigen:

- Befeuchten Sie das Fieberthermometer vor Gebrauch.
- Stellen Sie sich seitlich, möglichst nah **neben** das Pferd.
- Streichen Sie mit der Hand über den Rücken des Pferdes in Richtung Schweif und heben Sie diesen an.
- Führen Sie das Fieberthermometer vorsichtig in den After ein.
- Halten Sie das Thermometer während der Messung fest.

Beurteilung der Schleimhäute

Die Schleimhäute von Augen, Nüstern und Maul geben Aufschluss über die Kreislaufsituation des Pferdes. Bei einem gesunden Pferd ist die Augenschleimhaut rosa, glatt und glänzend. Die Nasenschleimhaut ist gut beim Anheben des Nasenflügels zu erkennen und im Normalfall dunkel-rosa gefärbt. Die Maulschleimhaut, die man durch Anheben der Oberlippe sehen kann, hat beim gesunden Pferd eine hell-rosa Färbung.

Herz-Kreislauf-System und Atemsystem sorgen über die äußere Atmung (Gasaustausch in der Lunge) und innere Atmung (Gasaustausch zwischen Blut und Zellen) dafür, dass alle Körperzellen immer ausreichend mit Sauerstoff versorgt werden und das im Stoffwechsel anfallende Kohlendioxid ausgeatmet werden kann.

DAS HUSTENDE PFERD IN DER TIERÄRZTLICHEN PRAXIS

Zone 1
Zone 2
Zone 3
Zone 4
Zone P1
Zone P2
Befunde

DIAGNOSE UND THERAPIE

Schnelle Genesung – das wünschen sich wohl alle Besitzer hustender Pferde. Doch viele Behandlungen sind langfristig nicht erfolgreich. Die Zahl chronisch kranker Pferde ist hoch. Mit sorgfältiger Diagnose und Therapie sowie den notwendigen Haltungsveränderungen ließe sich dies in vielen Fällen vermeiden.

Atemwegserkrankungen beeinträchtigen Leistungsfähigkeit und Wohlbefinden oft erheblich und führen bei ungünstigem Verlauf zu enormem Leidensdruck. Den Patienten bleibt schlicht die Luft weg. Dennoch werden Anzeichen für Atemwegsprobleme häufig auf die sprichwörtlich leichte Schulter genommen.

So werden zahlreiche Pferde erst mit fortgeschrittenen oder verschleppten Atemwegserkrankungen in der tierärztlichen Praxis vorgestellt. Dabei könnten viele vollkommen genesen. Grundlagen einer erfolgreichen Behandlung sind die sorgfältige Diagnostik und konsequente Therapie sowie die Kooperation von Pferdebesitzern und Pensionsstallbetreibern. Denn, und das ist wichtig, Haltungsveränderungen, durch die Staubbelastungen reduziert werden können, gehören in allen Fällen zur Therapie.

Grundlage einer erfolgreichen Behandlung ist zunächst aber die umfassende und sorgfältige Diagnose. Doch bereits hier sind schon die ersten Patienten raus: Viele werden schlicht nicht gewissenhaft genug untersucht. Stichwort Atmungshemmung! Dass dem Abhören der Lunge eine Atmungshemmung vorausgehen muss, entfällt in der Praxis oft. Stattdessen wird im schlimmsten Fall auf Verdacht ein Antibiotika gereicht oder es mit einem Hustensaft versucht. Dies bestätigen Pferdebesitzer und belegen auch Ergebnisse einer Studie von Julie Emmanuelle Schwechler zum Antibiotika-Einsatz in der Pferdepraxis in Deutschland, Österreich und in der Schweiz: 36–84 % der befragten Tierärzte verwendeten Antibiotika ohne Indikation. Verglichen mit wissenschaftlichen Empfehlungen haben 72 % (109 von 151) der Befragten die angegebenen Antibiotika unterdosiert. (Zürich, Diss. 2016)

In den Stallapotheken und vor vielen Pferdeboxen sammeln sich Tuben, Dosen und Fläschchen zur Therapie in Eigenregie – im Einzelfall durchaus Mittel, die ihre Berechtigung haben, doch ohne Diagnose und Absprache mit einem Tierarzt kaum langfristig zum Behandlungserfolg führen. Schlimmer noch: Durch diese Praktik des Probierens werden Symptome verwischt und verschleiert.

Tierärzte raten daher, hustende Pferde möglichst frühzeitig in der Praxis vorzustellen.

KLARE WORTE!

Sicher über 50 % der Pferde mit Atemwegsproblemen werden erst spät und manchmal zu spät in der tierärztlichen Praxis vorgestellt

Dr. med. vet. Ulrich Mengeler

Studien belegen: Etwa 50 % aller in Boxen gehaltenen Pferde sind von chronisch-obstruktiver Bronchitis (COB) betroffen (Fey, 2006).

Ein Sammelsurium, das sich so oder ähnlich in vielen Ställen findet. Doch ohne Diagnose führen die besten Medikamente selten zur Genesung.

Jeder Husten, der mehrere Tage auftritt oder in Abständen wiederkehrt, sollte unbedingt durch einen Tierarzt abgeklärt werden.

In einer Umfrage von Dr. Beatrice Lehmann, Freie Universität Berlin, wurde der Kontakt zu trockenem Heu in über der Hälfte der Fälle als Auslöser für die Verschlechterung einer chronisch obstruktiven Bronchitis (COB) ermittelt. Darin zeigt sich eine weitere Herausforderung im Gesundheitsmanagement der Patienten: Langfristig erfolgversprechend sind Medikamente nur, wenn zu der Therapie auch die Haltungsbedingungen angepasst werden. Dies ist für Pferdebesitzer in Pensionsbetrieben häufig schwierig, stoßen sie auf wenig Verständnis der Stallbetreiber und kaum Bereitschaft, auf die Bedürfnisse erkrankter Pferde einzugehen. Da wird dann das Heu neben den chronisch hustenden Pferden gelagert, die Stallgasse mit dem Laubbläser gefegt oder schlicht verschimmeltes Heu gefüttert. Zu drastisch? Pferdebesitzer und Tierärzte erleben diese und ähnliche Vorfälle täglich. Natürlich gibt es auch fachkundige und verantwortungsvolle Stallbetreiber, die Pferde gewissenhaft versorgen und sich der Bedeutung möglichst artgerechter Pferdehaltung bewusst sind. Diese gilt es zu finden – denn unter Umständen bleibt nur ein Stallwechsel.

Alles Panikmache?

Pferdebesitzer, die nach wenigen Tagen für ihr hustendes Pferd den Tierarzt rufen, wird von Stallkollegen gerne mal Panikmache vorgeworfen. Tierärzten, die ihrer Sorgfaltspflicht nachkommen, Abzocke. Lieber wird oft selbst etwas probiert, das Mittel verabreicht, welches dem Boxennachbarn so gut geholfen hat oder einfach abgewartet. So kann es zu fatalen Krankheitsverläufen kommen, denn Pferde haben durch ihre große Lunge eine lange Kompensationsphase. Das heißt, wenn Reiter bei ihrem Freizeitpferd Leistungseinbußen bemerken, dann ist bereits Holland in Not und die Erkrankung fortgeschritten. Dabei sind die tieferen Atemwege mit Luftröhre und Lunge häufiger betroffen als die oberen Atemwege. Auch wenn der Husten selbst keine Krankheit ist, sondern ein Schutzmechanismus, so zeigt dieser doch fast immer eine Erkrankung der Atemwege an. Wiederholtes Husten ernst zu nehmen ist daher auf keinen Fall Panikmache.

SYMPTOME UND INDZIEN

Husten

Husten ist nicht grundsätzlich krankhaft, sondern zunächst ein ganz normaler physiologischer Reiz, wenn Fremdkörper, etwas Sekret oder Krankheitserreger in die Atemwege gelangen.
Wiederholtes Husten ist jedoch ein Hinweis auf eine Erkrankung. Bei der Einschätzung, ob ein Pferd ernsthaft erkrankt ist, müssen Pferdebesitzer wissen, dass Husten keine zuverlässige Aussage über die Schwere einer Erkrankung zulässt. Ein akut hustendes Pferd kann unter Umständen nur unter einer leichten Kehlkopfreizung leiden, ein sporadisch hüstelnder Stallkollege dagegen unter einer ernsthaften Lungenerkrankung. Somit ist das Symptom Husten kein zuverlässiges Indiz. Doch hustende Pferde haben definitiv ein Atemwegsproblem. Das lässt aber nicht den Umkehrschluss zu, dass Pferde, die nicht husten, kein Problem haben. Fakt ist: Nicht jedes Pferd hustet, obwohl eine ernsthafte Erkrankung der Atemwege vorliegt. Diese Umstände führen dazu, dass gerade Erkrankungen der unteren Atemwege, die häufiger betroffenen sind, lange falsch eingeschätzt und nicht erkannt werden.
Für Pferdebesitzer schwierig einzuschätzen ist die Situation, wenn ein Pferd über Monate immer mal wieder hustet, zwischen den Intervallen aber symptomfrei ist. Nach Meinung der Besitzer ist das Pferd im Grunde nicht die ganze Zeit krank, sondern bis auf gelegentliches Anstoßen gesund. Doch der Schein trügt: Ein Pferd, das immer wieder mal hustet, hat nicht immer wieder mal ein Problem, sondern permanent – nur phasenweise eben ohne das Symptom Husten.

WIE ENTSTEHT DER HUSTENREIZ?

Husten basiert auf einer Reizung entsprechender Nerven. Es handelt sich um einen Schutzreflex, der dafür sorgt, dass keine Fremdstoffe in die Lunge gelangen. Somit ist Husten an sich ein lebenswichtiger und effektiver Mechanismus, der Fremdkörper, aber auch Schleimansammlungen aus der Luftröhre entfernt.

Eitriger Nasenausfluss ist ein Alarmsignal und tritt zum Beispiel bei einer schweren Bronchitis auf. In Verbindung mit Fieber sind das deutliche Hinweise auf eine akute Infektion.

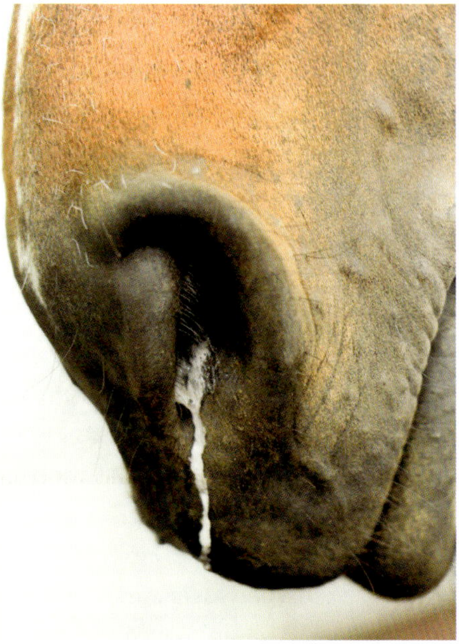

Oft nur die Spitze des Eisbergs: Das Verhältnis zwischen Schleim, der durch die Nüstern abgeht, und Schleim, der abgeschluckt wird oder im Körper verbleibt, ist von Pferd zu Pferd sehr unterschiedlich.

Das heißt, es gibt durchaus Atemwegserkrankungen, bei denen das Symptom Husten nur mit Unterbrechungen auftritt.
Dafür sind verschiedene Gründe denkbar: Husten Pferde beispielsweise nur im Sommer auf der Weide, könnte eine allergische Reaktion auf Pollen vorliegen. Husten Pferde, die in Boxen auf Stroh gehalten werden und Heu bekommen, vorwiegend in den Wintermonaten, liegt der Verdacht nahe, dass die Tiere auf die Feinstaubbelastung reagieren. So ist zu erklären, dass es zwischen den Hustenepisoden zu Pausen kommt, wenn die Konzentration der entsprechenden Belastungen nachlässt.

Nasenausfluss

So wie der Husten keine 100%-ig zuverlässige Aussage über eine Erkrankung zulässt, ist es auch bei eventuell auftretendem Nasenausfluss. Hier gilt: Schleim zu sehen reicht nicht! Denn Schleim ist nicht gleich Schleim. Erst bei der gründlichen Untersuchung lässt sich dessen Ursprung feststellen und ermitteln, wie alt und schwerwiegend das Problem schon ist und wodurch die Schleimbildung ausgelöst wurde. Ist diese beispielsweise bakteriell oder allergiebedingt? All diese Fragen lassen sich mit entsprechenden Diagnosemöglichkeiten abklären.

Nasenausfluss, der akut auftritt, ist allerdings immer ein Alarmzeichen und sollte von einem Tierarzt beurteilt werden. Nicht besorgniserregend sind geringe Mengen wässrigen, klaren Nasensekrets. Solch ein klarer Nasenausfluss tritt vor allem bei Wind, Kälte oder Reizungen der Augen auf, wenn überschüssige Tränenflüssigkeit über den Tränen-Nasen-Kanal durch die Nüstern abläuft. Läuft dem Pferd allerdings ein milchigtrübes Sekret oder gar gelber bis grünlicher Schleim aus der Nase, sind das Indizien für eine ernsthafte Erkrankung.

Ebenso wie für Hustenattacken gilt auch für das Auftreten von Nasenausfluss: Beobachten Sie, wann die Beschwerden oder Auffälligkeiten auftreten und teilen Sie Ihre Beobachtungen dem Tierarzt bei der Anamnse möglichst präzise mit.

Einige Beispiele: Hat Ihr Pferd vor allem nach dem Reiten bzw. nach Belastung Nasenausfluss, kann dies ein Hinweis auf eine verschleppte Atemwegsinfektion sein und es ist höchste Zeit, die Ursachen abzuklären. Läuft dem Pferd ständig einseitig die Nase, ist das ein Indiz für eine Nasennebenhöhlenentzündung. Auch Zahnwurzelentzündungen stehen oft mit einseitigem Nasenausfluss in Verbindung.

PRAXISTIPP!

Tagebuch führen

Notieren Sie Häufigkeit, Dauer, Jahreszeit und Zeitpunkt der Beschwerden sowie die Art des Hustens.

So unterscheiden sich Atemwegserkrankungen

Akute Erkrankungen

(meist ausgelöst durch Viren)

- **Fieber**
- Teilnahmslosigkeit
- Geblähte Nüstern
- Mangelnder Appetit
- Verstärkte Bauchatmung
- Husten

Chronische Erkrankungen

- **Kein Fieber (keine Infektion!)**
- Husten zu Beginn von Belastung
- Atemnot
- Husten in Verbindung mit Staub
- Nasenausfluss gelblich-grünlich
- Verminderte Leistungsfähigkeit
- Oft kein Nasenausfluss

SORGFÄLTIGE DIAGNOSTIK

Um eine solide Diagnose zu stellen, stehen in der gut ausgestatteten Tierarztpraxis verschiedene Methoden zur Verfügung. Bei der Untersuchung geht der Tierarzt Schritt für Schritt vor und entscheidet über jede nächste Maßnahme individuell je nach ermittelten Befunden und in Absprache mit dem Pferdebesitzer. Erst nach genauer Diagnosestellung ist es möglich, Medikamente und weitere therapeutische Maßnahmen gezielt einzusetzen und die Ursachen der Erkrankung abzustellen oder zumindest einzudämmen.

Anamnese

Im ersten Schritt erfolgt die Anamnese. Hier ist der Pferdebesitzer gefragt. Schauen Sie genau hin und beobachten Sie Ihr Pferd, denn so können Sie dem Tierarzt wichtige Hinweise geben. Interessant sind für einen ersten Eindruck alle Informationen zum bisherigen Krankheitsverlauf: Seit wann bestehen erste Anzeichen einer Atemwegserkrankung? Welche waren das? Husten? Wenn ja, wie klingt der Husten? Wann hustet das Pferd? Tritt der Husten beim Füttern, beim Training oder zu bestimmten Jahreszeiten auf? Hat das Pferd Nasenausfluss und wenn ja, wie sieht dieser aus? Zäh, dünnflüssig, weiß oder gelblich? Bestehen Leistungsbeeinträchtigungen? Wie ist die Haltung, wie die Fütterung? Akute Erkrankungen gehen eher mit trockenem Husten einher, produktiver Husten mit Schleimproduktion weckt den Verdacht einer chronischen Erkrankung, ebenso das wiederholt und sporadische, anfallsweise Auftreten des Hustens.

PRAXISTIPP!

Haltungsverbesserungen

Damit Aussicht auf Heilung besteht, müssen Haltung und tierärztliche Behandlung Hand in Hand gehen.
Ohne Haltungsverbesserungen werden Atemwegserkrankungen nicht ausheilen.

Klinische Untersuchung

Nach der Anamnese folgt die klinische Untersuchung, um einen konkreten Eindruck vom Allgemeinzustand des Pferdes zu gewinnen. P-A-T-Werte sowie die Beurteilung der Schleimhäute liefern konkrete Anhaltspunkte, ob eine akute Infektion vorliegt, bei der Puls und Atmung beschleunigt sind und die Körpertemperatur steigt. Hohes Fieber, ab 39° C, würde zum Beispiel auf eine schwere Infektion hindeuten.
Im weiteren Verlauf wird es spezieller.
Das Abhören der Luftröhre und (beider!) Lungenflügel mit dem Stethoskop sollte grundsätzlich unter forcierter Atmung erfolgen, die durch eine vorübergehende Atmungshemmung ausgelöst wird, damit das Pferd seine Lunge wirklich nutzt. Wir kennen die Prozedur des Abhörens von unserem Besuch beim Hausarzt, wenn wir hustend in der Sprechstunde sitzen. »Bitte mal tief ein-

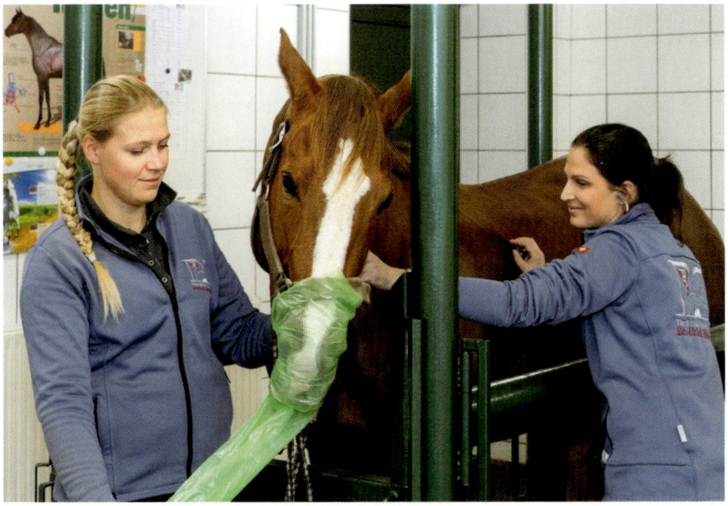

Das Abhören sollte immer unter Atemhemmung erfolgen.

und ausatmen«, heißt es dann grundsätzlich vor dem Abhören. Nur bei tiefem Durchatmen ist es möglich, normale von krankhaften Atemgeräuschen zu unterscheiden oder das Rasseln von Schleim zu hören.

Ist ein rasselndes Geräusch vorhanden, deutet dies auf Schleim in der Lunge hin, der sich stark bewegt, während das so genannte Giemen, ein quietschendes Geräusch, auf zähen Schleim hinweist, der die Luftbläschen (Alveolen) verklebt.

Im Gegensatz zum Menschen, dessen Brustkorb von vorne und von hinten abgehört wird, kann man den großen Brustkorb des Pferdes nicht *durchhören*. Nach etwa 10–15 Zentimetern akustischer Eindringtiefe sind Geräusche nicht mehr zu differenzieren. Hier sind der Untersuchung einfach physikalische Grenzen gesetzt. Daher kann eine Auskultation (von lat. auscultare = (eifrig) zuhören, abhorchen) alleine keine umfassende und immer ausreichende Lungenuntersuchung darstellen.

Hört der Tierarzt verdächtige Geräusche, hat er weitere wichtige Informationen für seine Diagnose. Hört er keine auffälligen Geräusche, bedeutet das trotzdem noch keine Entwarnung. Zäher Schleim kann in den tiefen Atemwegen so festsitzen, dass dieser sich bei der Atmung nicht bewegt und daher keine akustischen Signale sendet.

Lässt es der Allgemeinzustand des Pferdes zu, kann das Abhören nach Bewegung, wenn das Pferd geritten oder longiert wurde, nochmal durchgeführt werden. Erwärmung des Körpers und mechanische Impulse können dazu führen, dass sich eventuell vorhandener Schleim löst. Dazu gibt es weitere medikamentöse Möglichkeiten, Schleim zu verflüssigen und das Durchschnaufen des Pferdes zu forcieren. Über die Durchführung der Maßnahmen muss der Tierarzt im Einzelfall entscheiden. Bleibt das folgende Abhören ohne Ergebnis, werden weitere Schritte durchgeführt.

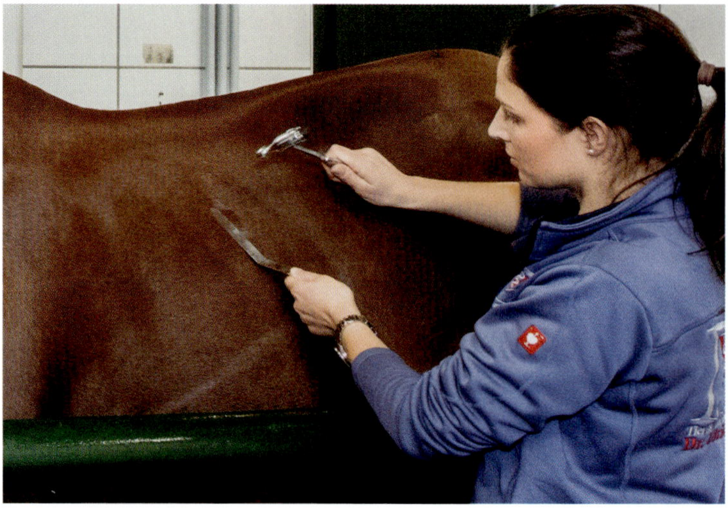

Durch Abklopfen kann die Größe des Lungenfeldes bestimmt werden.

Bei entsprechenden Auffälligkeiten kann über das systematische Abklopfen des Lungenfeldes, die Perkussion, seine Größe und Ausdehnung bestimmt werden. Am Klang, normal dumpf oder hohl, kann der Veterinär hören, ob ein Lungenemphysem (s. S. 20) vorliegt und Luft aus den luftführenden Wegen in das umliegende Lungengewebe ausgetreten ist. Das passiert, wenn der Mechanismus des Ausatmens gestört ist und die Luft nicht komplett aus den Lungenbläschen entweicht, sondern die elastischen Lungenbläschen zunächst aufblähen, und schlimmsten Falls platzen. Die Luft wird dann nicht vollständig ausgeatmet, sondern dringt in das umliegende Gewebe ein. Durch die einfache und schmerzfreie Methode des Abklopfens lässt sich feststellen, ob bereits eine Vergrößerung des Lungenfeldes vorliegt. Dies ist vor allem bei chronischen Lungenpatienten zur Abklärung des Schweregrads ihrer Erkrankung hilfreich.

Lungenfunktionstests

Bei entsprechenden Befunden empfiehlt sich eine Blutgasanalyse. Dadurch lässt sich der Zustand der Lungenbläschen feststellen. Ist die Funktion der Lungenbläschen und damit der Gasaustausch gestört, spiegelt sich dies in einem niedrigen Sauerstoffgehalt des arteriellen Blutes wider.

Mit dieser Untersuchung lässt sich die Leistungsfähigkeit bzw. Beeinträchtigung der Lungenfunktion bestimmen. Bestehen Abweichungen zu den Normwerten, liegt bereits eine ernstzunehmende Lungenerkrankung vor,.

Eine weitere Möglichkeit zum Testen der Lungenfunktion ist das Messen der Druckdifferenz zwischen dem Ein- und Ausatmen mittels einer Ballonsonde, die in die Speiseröhre eingeführt wird und zwischen den beiden Lungenflügeln verbleibt. Bei einer gesunden, elastischen Lunge liegt die Druckdifferenz zwischen 3–4 cm Wassersäule. Bei einer hochgradigen Störung bei 15–20 cm.

Im Labor wird die Zusammensetzung des Schleims untersucht (Zytologie).

Verschiedene zytologische Befunde

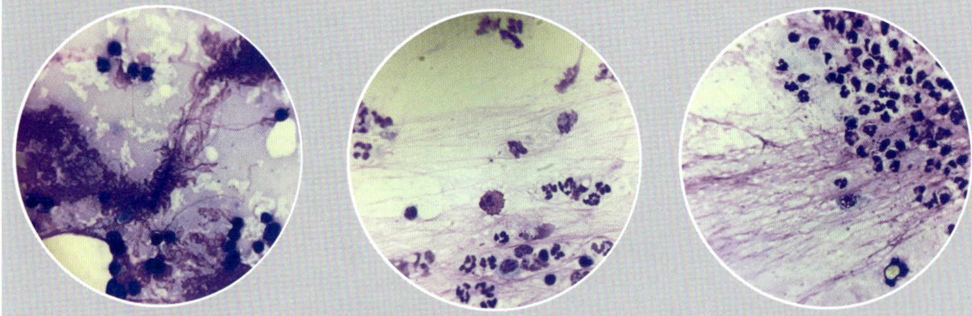

Hochgradige COB — *Allergisch bedingtes equines Asthma* — *Bakterielle Pneumonie*

Zytologie/Bakteriologie

In einem weiteren Schritt können Schleimproben gewonnen werden, um diese im Labor zu untersuchen. In der Praxis werden erkrankten Pferden leider immer wieder Antibiotika verabreicht, ohne vorher die Krankheitserreger zu bestimmen. Ein Vorgehen, das Gefahren birgt, denn unter Umständen helfen auf Verdacht verordneten Mittel nämlich nicht nur nicht, sondern tragen dazu bei, dass Erreger Resistenzen bilden. Um unnötige Gaben oder Gaben von nicht wirksamen Antibiotika zu vermeiden, muss ein Antibiogramm erstellt werden. Dabei wird der Auswurf (Sputum) im Labor auf Bakterien und Zellzusammensetzung untersucht sowie die Wirksamkeit bestimmter Antibiotika getestet.

Fatale Kompensation!

Wir haben schon Pferde mit hochgradigen Lungenproblemen in der Praxis gesehen, die am Tag zuvor noch auf einem Turnier vorgestellt wurden oder in einem Festumzug gelaufen sind.

Dr. med. vet. Ulrich Mengeler

Bronchoskopie

Manche Pferde haben weder Nasenausfluss noch Husten, und bei der Endoskopie stellt der Tierarzt dann fest, dass Luftröhre, Bronchien oder Lunge hochgradig verschleimt sind.
Mit Hilfe einer Bronchoskopie respektive Endoskopie der Atemwege gewinnen Tierärzte den umfassendsten Eindruck des Krankheitsgeschehens. Unter leichter Sedation (Beruhigung) führt der Veterinär ein flexibles, etwa zwei Meter langes Untersuchungsinstrument durch die Luftröhre ein, an dessen Spitze sich eine Kamera samt Lichtquelle

befindet. Der Tierarzt kann mit dem Endoskop bis zur ersten Verzweigung der Hauptbronchien vordringen. Mittels Kamera lässt sich auf einem Monitor der Weg von den Nüstern bis in die tiefen Atemwege begutachten. Beurteilt werden Schleimhautfarbe, Schwellungen, aber auch Menge, Beschaffenheit und Farbe des vorhandenen Schleims sowie eventuelle Blutungen. Über das Endoskop kann der Tierarzt zudem Schleimproben entnehmen, um diese im Labor auf Zellzusammensetzung und Bakterien zu untersuchen. Der Zellgehalt im Schleim gibt Aufschluss darüber, ob die Lungenerkrankung akut, subakut oder chronisch ist. Ursache und Schweregrad lassen sich ebenfalls so bestimmen.

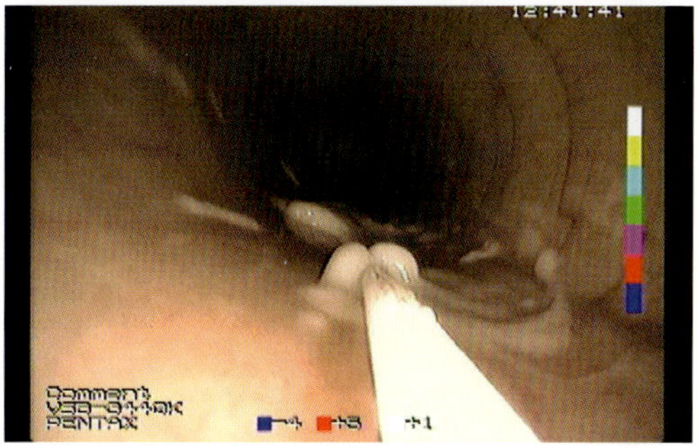

Probenentnahme aus der Luftröhre mittels Katheter unter endoskopischer Kontrolle.

Endoskopische Untersuchung: Auf dem Monitor werden die Bilder aus den Luftwegen dargestellt.

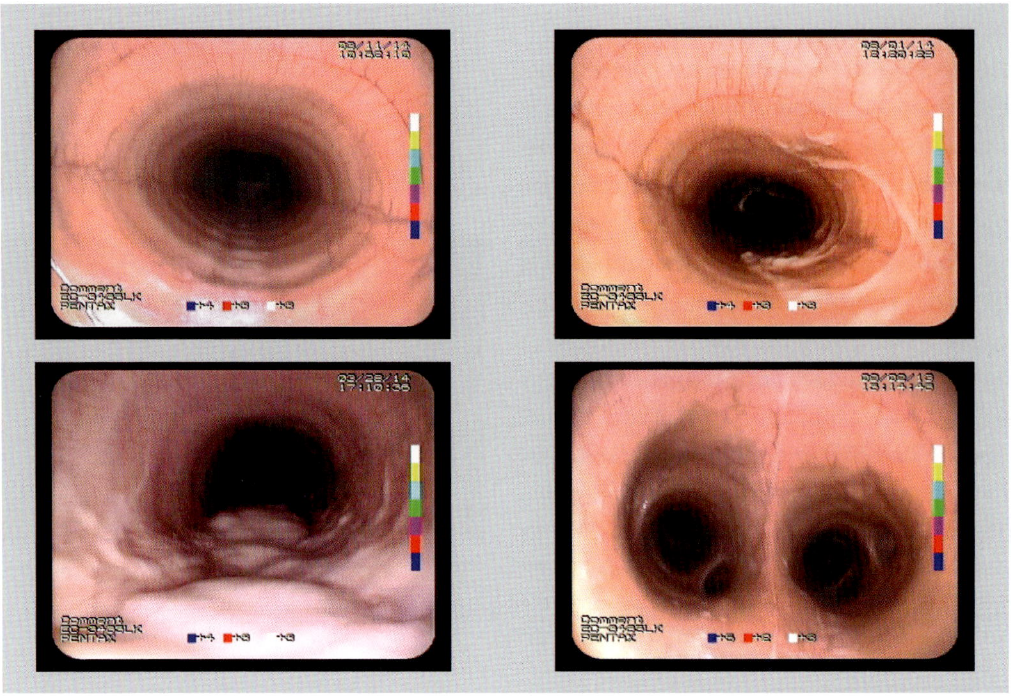

Die Pferde zu diesen unterschiedlichen Befunden zeigten alle die gleiche klinische Symptomatik bei der Allgemeinuntersuchung und Auskultation. Nur durch eine Endoskopie konnten Schweregrad, Ursache, optimale Therapie und Prognose ermittelt werden.

Bronchoalveoläre Lavage (BAL)

Damit sind die Möglichkeiten aber noch nicht ausgeschöpft. Bei Verdacht auf eine chronische Bronchitis kann mittels steriler Kochsalzlösung eine Spülprobe aus der Tiefe der Lunge gewonnen werden (Bronchoalveoläre Lavage). Die Probe wird im Labor direkt aufbereitet und zytologisch untersucht. Lediglich unmittelbar nach der Untersuchung und am Folgetag sollte das Pferd nicht trainiert werden. Ansonsten stellt diese Maßnahme nur eine sehr geringe Belastung dar. Die durch die Untersuchungsergebnisse gewonnenen Erkenntnisse sind hingegen von großem Nutzen.

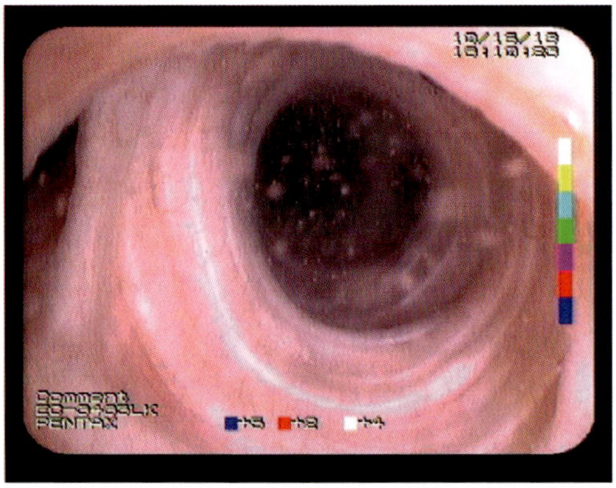

Die bronchoalveoläre Lavage (von lat.: bronchus »Bronchie«, alveole, »Lungenbläschen« und lavare »waschen«) ist eine Methode zur Probengewinnung im Rahmen der Bronochoskopie.

Röntgen und Ultraschall

Auch bildgebende Verfahren werden bei Verdacht auf Gewebsverdichtungen zur Diagnose genutzt. Röntgenbilder liefern zum Beispiel wertvolle Informationen über das Stadium einer Abszessbildung. Auch Ultraschallbilder, so genannte Sonogramme, lassen einen Blick in den Körper zu. Veränderungen an der Lungenoberfläche oder abnorme Flüssigkeitsansammlungen im Brustkorb lassen sich so darstellen.

Bei der Unltraschalluntersuchung (Sonografie) wird ein sogenannter Wandler über den Körper des Patienten geführt, der Schallwellen aussendet. Da diese Schallwellen abhängig vom Abstand der Organe zur Körperaußenseite reflektiert werden, können Bilder am Monitor aufgebaut werden. Tumore werden zum Beispiel über Röntgen und Ultraschall samt Punktion diagnostiziert.

Nach Abschluss aller Untersuchungen erhält der Tierarzt ein konkretes Bild von Schwere, Ausmaß und Ursachen der Erkrankung und kann einen Therapieplan erstellen. Konsequent befolgt, führt dieser in vielen Fällen zur Genesung der Pferde oder zumindest zu einer erheblichen Verbesserung der Lebensqualität.

PRAXISTIPP!

Krankenversicherung

Spezielle Krankenversicherungen für Pferde erstatten die Kosten für Diagnostik, Behandlung und Medikamente. Der Abschluss muss allerdings erfolgen, bevor das Pferd erkrankt ist.

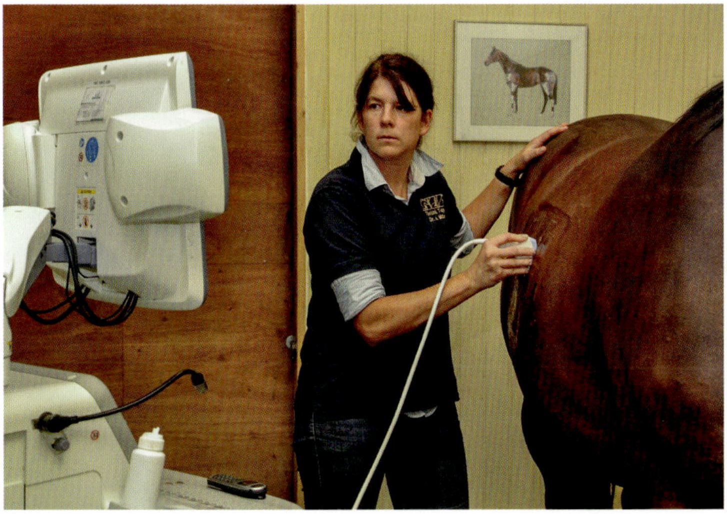

Die Ultraschalluntersuchung ist ein bildgebendes Verfahren, mit dem verschiedene Körperregionen und Organe untersucht werden können.

THERAPIE

Nach der sorgfältigen Diagnose erstellt der Tierarzt einen individuellen Therapieplan. Die medikamentöse Behandlung richtet sich nach Art der Erkrankung, Dauer der Beschwerden und Ursachen. Ziel der tierärztlichen Therapie ist es, die weitere Entwicklung der Erkrankung aufzuhalten, die Atmung zu normalisieren und einer möglichen Dämpfigkeit entgegenzuwirken.

Dazu werden bei akuten Erkrankungen in der klassischen Schulmedizin vier Gruppen von Medikamenten eingesetzt:

1. Schleimlöser (Sekretolytika)
2. Krampflösende Mittel (Bronchospasmolytika)
3. Entzündungshemmer
4. Antibiotika

Da die bei akuten Atemwegserkrankungen oft ursächlichen Viren nicht bekämpft werden können, kommen ergänzend zu den notwendigen Medikamenten Präparate zur Stärkung des Immunsystems zum Einsatz. Sind Bakterien an der Erkrankung beteiligt, kann ein auf seine Wirksamkeit getestetes Antibiotikum erforderlich sein.

COB behandeln

Die schulmedizinische Behandlung chronischer Entzündungen der Bronchien (COB) richtet sich nach den Symptomen. Chronisch heißt zunächst lediglich lang andauernd, mehr als drei Wochen – chronisch heißt nicht unheilbar! Obstruktiv bedeutet Verengung, die Bronchien sind verengt und das Pferd bekommt dadurch nur schwer Luft. Es gelangt einfach nicht mehr genug Sauerstoff aus der eingeatmeten Luft in die Lungenbläschen. Die natürlichen Reinigungsmechanismen sind gestört und der meist zähe Schleim, der sich in größeren Mengen bildet, kann nicht mehr abtransportiert werden.

Drei Mechanismen gehen mit der Erkrankung einher und führen zu einer Verengung der Bronchien:

1. Vermehrte Schleimproduktion bzw. zäher Schleim (Dyskrinie)
2. Verdickungen der Bronchialschleimhaut
3. Verkrampfung der Muskulatur rund um die Bronchien und Bronchiolen (Bronchospasmus)

Bei der chronisch-obstruktiven Bronchitis (COB) gibt es Mischformen. Es kann sein, dass bei einem Patienten alle drei Phänomene auftreten. Es kann aber auch sein, dass ein Pferd beispielsweise keinen Schleim produziert und nur ein Schleimhautödem hat.

Bei Allergikern, die akut auf bestimmte Stoffe reagieren, herrscht oft ein Bronchospasmus vor. Das ist von Menschen, die unter Asthma leiden, ebenfalls bekannt. Inhalieren sie das Allergen, kommt es zu Atemnot. Doch nicht jede Überempfindlichkeit ist eine Allergie. Wenn die Atemwege so beansprucht und geschädigt sind, kommt es auch zu unspezifischen Überempfindlichkeiten. Auslöser sind:

- Staub
- Pilzsporen aus Heu und Stroh (Besonders, wenn das Heu nicht trocken geborgen wurde)
- Graspollen
- Blütenpollen
- Ammoniak

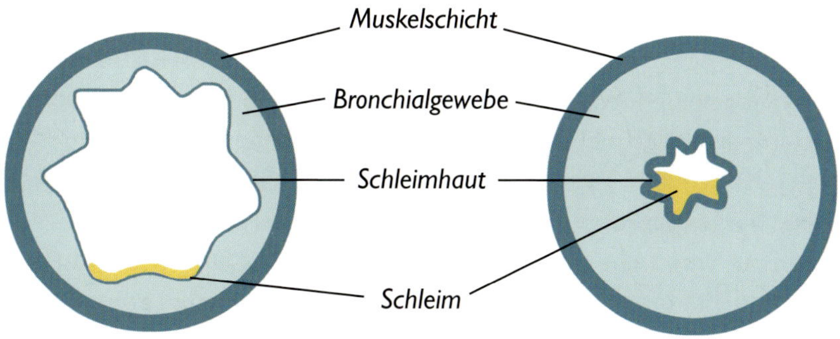

Schematische Darstellung einer gesunden Bronchie im Querschnitt

Schematische Darstellung einer entzündeten Bronchie im Querschnitt

Schleimlöser (Sekretolytika)

Schleimansammlungen in Bronchien oder Lunge sind idealer Nährboden für Bakterien. Doch oft ist der Schleim so fest und zäh, dass er weder über das Flimmerepithel abtransportiert noch abgehustet werden kann. Schleimlösende Medikamente (Sekretolytika) verflüssigen das zähe Sekret sowohl bei chronisch als auch bei akut erkrankten Pferden. Zur Verfügung stehen synthetische Schleimlöser wie zum Beispiel Sputolysin® oder ACC (Acetylcystein) sowie diverse Kräutermischungen, die unterstützend eingesetzt werden.

Krampflösende Mittel (Bronchospasmolytika)

Die Therapie mit bronchienerweiternden Mitteln (Bronchospasmolytika) wie Ventipulmin soll die krampfartigen Verengungen in den Bronchien und Bronchiolen lösen. Das Medikament bewirkt, dass sich die Atemwege entspannen und weiten können. So bekommt das Pferd wieder besser Luft und der gelöste Schleim kann besser abtransportiert werden.

Entzündungshemmer

Bei chronisch erkrankten Pferden liegt in der Regel eine schwere Entzündung der Bronchien und Bronchiolen vor (nicht zu verwechseln mit einer Lungenentzündung). Diese ist dafür verantwortlich, dass eine Schwellung der Schleimhaut entsteht und ständig zu viel Bronchialschleim gebildet wird. In diesen Fällen kann nur durch eine ausreichend lange Therapie mit Kortikosteroiden ein Abklingen der Entzündung, eine Abschwellung der Bronchialschleimhaut und eine weiter andauernde Schleimproduktion unterbunden werden. Ein weiterer wichtiger Aspekt ist die antiallergische Wirkung von Kortison. Oral angewendet lässt es sich angepasst dosieren, ist besonders gut verträglich und zeigt kaum Nebenwirkungen. Bei Hufrehe gefährdeten Patienten müssen allerdings Risiken und Nutzen der Kortisongabe genau abgewogen werden. Bei diesen Patienten empfiehlt sich besonders eine Inhalationsbehandlung mit Kortikosteroiden. Kortison kann in der Frühphase den schweren Krankheitsverlauf stoppen.

Hyperinfusionstherapie

In besonders schweren Fällen, bei denen weder die symptomatische Therapie, noch Haltungsverbesserungen oder die Behandlung mit Kortison ausreichende Besserung bewirkt hat, besteht die Möglichkeit, den festsitzenden Schleim durch eine Lungenspülung aus den tiefen Atemwegen zu entfernen. Das Pferd bekommt dann über mehrere Tage jeden Tag mindestens 30 Liter Kochsalzlösung intravenös oder per Nasenschlundsonde verabreicht. Diese Flüssigkeitsmenge kann von den Nieren nicht in entsprechender Menge ausgeschieden werden. Das Blut wird verflüssigt und eine vermehrte Durchblutung des Körper- und Lungenkreislaufs erreicht. Da die Blutmenge sehr viel größer und das Blut flüssiger ist, difundiert die Flüssigkeit auch aus den Blutgefäßen in die Lunge und Lungenbläschen. Dadurch erfolgt eine starke Schleimverflüssigung. Nach der Behandlung wird das Pferd vermehrt Schleim abhusten. Auf diese Form der Behandlung muss das Pferd über mehrere Wochen durch eine medikamentöse Behandlung mit schleimlösenden und bronchial erweiternden Mitteln gut vorbereitet werden, damit es nicht zu Herz-Kreislauf-Problemen kommt.

Antibakterielle Therapie (Antibiotika)

Werden in der bakteriologischen Untersuchung krankmachende Keime festgestellt, werden diese parallel zur symptomatischen Therapie durch ein auf seine Wirksamkeit getestetes Antibiotikum behandelt.

Desensibilisierung

Ist die Allergie eines Pferdes bekannt, lässt sich der Kontakt mit einigen Allergenen durch Haltungsoptimierung eindämmen oder vermeiden. Bei anderen Allergenen, wie zum Beispiel Pollen, ist eine Vermeidung nicht möglich. Hier besteht die Option, das Pferd gegen die Allergene durch eine Hyposensibilisierung weniger empfindlich zu machen.

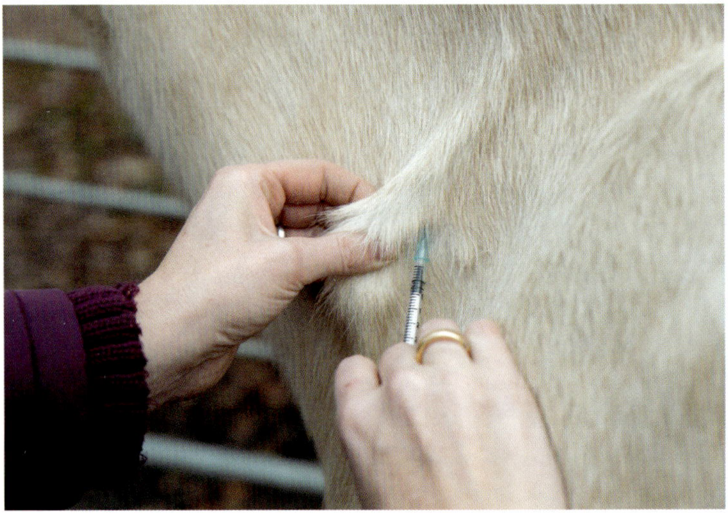

Bei der Hyposensibilisierung wird dem Patienten nach einem festgelegten Schema eine bestimmte Allergen-Dosis unter die Haut gespritzt, damit sich das Immunsystem daran gewöhnt und nicht mehr mit überschießenden Reaktionen antwortet.

Aerosoltherapie

Wir kennen die Empfehlung, bei Erkältungskrankheiten zu inhalieren. Auch bei Pferden hat sich das Inhalieren bewährt – sowohl als unterstützende Therapie bei akuten Atemwegserkrankungen, vor allem aber auch zur dauerhaften Behandlung chronischer Atemwegsprobleme.

Primäres Ziel des Inhalierens ist die Befeuchtung der Schleimhäute und das Verflüssigen und Lösen von zähem Schleim. Dies geschieht zum Beispiel durch Inhalieren einer Kochsalzlösung.

Außerdem können Medikamente mit entzündungshemmender, schleimverflüssigender oder reizlindernder Wirkung, durch die Inhalation ohne Umwege in Form kleinster Tröpfchen in die Atemwege transportiert werden. Die Arzneien wirken dann lokal direkt dort, wo sie benötigt werden und können niedriger dosiert werden als bei einer systemischen Anwendung.

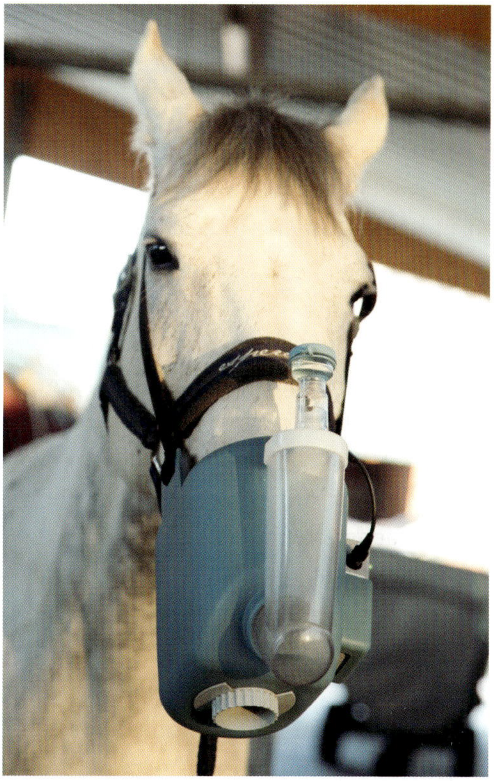

Die Größe der vernebelten Aerosolpartikel ist maßgeblich für die Wirksamkeit des Inhalierens entscheidend.

Karenzzeiten beachten!

Von der FN und FEI gibt es vorgegebene Karenzzeiten für Wirkstoffe, die inhaliert werden. Da sich diese Karenzzeiten nur auf die einmalige Anwendung beziehen, Pferde aber meistens über einen längeren Zeitraum inhalieren, sollte die Therapie rechtzeitig vor einem Turnierstart beendet werden.

Forschungsergebnisse aus der Humanmedizin belegen, dass bei frühzeitigem Therapiebeginn mit einem inhalativen Kortison langfristig geringere Dosen zur Kontrolle der Asthmaerkrankung genügen.

Die Praxis hat gezeigt, dass bei Pferden, die auf eine Verabreichung von bronchienerweiternden Medikamenten mit dem Futter keine Verbesserung zeigten, das Inhalieren der Wirkstoffe oftmals zu einer Linderung der Beschwerden führt. Die Wahl und Dosierung der Medikamente muss in jedem Fall mit dem Tierarzt abgestimmt werden.

PRAXISTIPP!

Inhalator leihen

Wer keinen Inhalator kaufen möchte, kann ein Gerät mieten. Es gibt Firmen und Tierärzte, die so einen Service anbieten.

Teilchengröße und Teilchenmenge

Auf dem Markt sind verschiedene Inhaliergeräte und -hilfen. Entscheidend für das Vordringen der wirksamen Substanzen und damit für den Therapieerfolg ist die richtige Teilchengröße. Diese dürfen weder zu klein noch zu groß sein. Um eine Wirkung in den tiefen Atemwegen entfalten zu können, müssen die Partikel eine Größe von 1–5 µm haben. Kleinere Partikel, unter 0,5 µm, würden wieder ausgeatmet und größere, über fünf µm (Mikrometer), schlagen sich in den oberen Atemwegen nieder und dringen nicht weit genug vor. Die Teilchengröße ist also ein wichtiges Kriterium für die Effektivität.
Ebenfalls wichtig: Die Teilchenmenge
Aufgrund des großes Lungenvolumens ist die Menge an vernebeltem Material wesentlich. Es sollten im Idealfall mehrere Milliliter pro Einatmung vernebelt und abgeatmet werden. Und last but not least hat das Inhalat, also das zu inhalierende Mittel, Einfluss auf die Wirksamkeit des Inhalierens.

Geeignete Zusätze

Das einzusetzende Inhalat sollte nach einer genauen Diagnose vom Tierarzt verordnet werden. Danach lässt sich die Frage klären, welche Wirkung erzielt werden soll: Soll eine Entzündung gelindert, Verkrampfungen gelöst oder zäher Schleim verflüssigt werden? Oder sollen die Atemwege nur befeuchtet werden? Von dieser Zielsetzung hängt es ab, welche Mittel zum Inhalieren eingesetzt werden.
Für die Anwendung beim Pferd gibt es keine zugelassenen speziellen Inhalationslösungen, deshalb müssen Tierärzte umgewidmete humanmedizinische Präparate verwenden.
Nach dem Arzneimittelrecht muss ein Therapienotstand vorliegen, um Glukokortikoide, umgangssprachlich Kortison, inhalativ einsetzen zu dürfen. Dies wäre zum Beispiel der Fall, wenn ein Pferd auf die systemische Glukokortikoidgabe nicht angesprochen hat oder Nebenwirkungen aufgetreten sind.

Verschiedene Systeme

Für Pferde sind vor allem Ultraschallvernebler gebräuchlich. Diese erlauben es, Arzneimittel direkt vor den Nüstern des Pferdes zu vernebeln und das Aerosol danach über mehrere Atemzyklen zu inhalieren.
Ein zusätzlicher Vorteil der Ultraschallvernebler ist, dass Pferde in den beschwerdefreien Intervallen auch Salzlösungen inhalieren können. Diese Maßnahme kann das Auftreten von erneuten Krankheitsschüben hinauszögern oder sogar verhindern, denn auf gut befeuchteten Schleimhäuten können sich reizende Partikel wie Pilzsporen nicht so leicht festsetzen.

Aktuell werden Sole-Anwendungen auch ohne Maske angeboten. Nach dem Vorbild der Solekammern für Menschen, inhalieren Pferde in geschlossenen Räumen, wie zum Beispiel einem Pferdehänger oder einer Box (s. auch Kapitel Nordsee-Kur).

Außer den Ultraschallverneblern gibt es für den Einsatz von Dosieraerosolen beim Pferd spezielle Inhalationshilfen, die mit einem sogenannten *Spacer* ausgestattet sind. Hierbei wird das Aerosol mittels Sprühstoß zuerst in eine abgeschlossene Aerosolkammer mit Ventilöffnung zum Pferd hin abgegeben und von dort inhaliert.

Unabhängig von der Art des Geräts, sollte das Pferd während der Therapie möglichst tief und langsam atmen. Dies geschieht bei den meisten Pferden, wenn sie ruhig und entspannt stehen.

Bei Pferden, die sich wehren oder aufregen, kann anfangs eine Inhalation in Bewegung mit einem akkubetriebenen Inhalator sinnvoll sein.

Inhalieren mit biologischen Arzneimitteln

Injektionslösungen biologischer Tierarzneimittel lassen sich auch sehr effektiv über Inhalation verabreichen. Die Aufnahme erfolgt dabei über die Nasenschleimhaut. Die Verabreichung kann über alle gängigen Ultraschallvernebler erfolgen. Im Normalfall werden 5 ml des biologischen Tierarzneimittels, zum Beispiel Engystol ad us. vet., zur Inhalationslösung zugegeben.

Tina Wassing, praktische Tierärztin

Sorgfältige Handhabung

Wer Inhaliergeräte einsetzt, muss unbedingt auf Hygiene achten und die Geräte nach dem Gebrauch reinigen und trocknen, sonst können mit den heilende Dämpfen auch Krankheitserreger in die Atemwege gelangen.

Abzuraten ist von selbst gebastelten Konstruktionen zum Inhalieren über Schüsseln und Eimern sowie der Einsatz von Heilpflanzenölen aus der Hausapotheke, da diese Schleimhautreizungen und Bronchospasmen hervorrufen können. Abgesehen von dem Verletzungsrisiko für Mensch und Pferd beim Hantieren mit kochendem Wasser, wird der gewünschte Effekt ausbleiben, da die Tröpfchengröße zu groß ist und nicht genügend Inhalat die tiefen Atemwege erreicht.

DIE MÖGLICHKEITEN DER NATURHEILKUNDE

NATÜRLICH HEILEN

Naturheilkunde und Schulmedizin müssen einander nicht widersprechen. Methoden der Komplementärmedizin, auch als Alternativmedizin bezeichnet, können die klassische Behandlung oft gut ergänzen, manchmal sogar ersetzen.

Die einen lieben sie, die anderen sprechen ihr jegliche Wirkung ab – Kritiker verbannen Methoden der Komplementärmedizin gerne in die Abteilung für Zauberei und Magie. In ihren Augen ist moderne wirkungsvolle Medizin gleichbedeutend mit pharmazeutischen Produkten und hochtechnisierten Diagnose- und Behandlungsmethoden.
Für einige daher sicher eine Überraschung: Noch während des größten Teils des 20. Jahrhunderts stützte sich die medizinische Behandlung hauptsächlich auf Kräutermedizin – selbst in westlichen Ländern.
Was liegt diesen Behandlungen zugrunde? Früher beruhte Heilkunde ausschließlich auf Beobachtung, Erprobung und Erfahrung. Diese wurden nächsten Generationen überliefert. Bis Ende des 16. Jahrhunderts bestanden fast alle medizinischen Traditionen darin, die Natur und die Selbstheilungskräfte des menschlichen Körpers in die Behandlung einzubeziehen, diese durch entsprechende Heilpflanzen zu unterstützen oder zu verstärken. Die Entstehung der wichtigsten Heilpflanzentraditionen wird auf 300 vor Christus bis 600 nach Christus datiert.
Das ganzheitliche Verständnis für den Körper, dessen Funktionen und Zusammenhänge scheint im Zuge des medizinischen Fortschritts ab etwa Mitte des 20. Jahrhunderts in den Hintergrund zu treten. Zunehmende Technisierung, Hightech-Instrumente und ein schier unendlich scheinendes Arsenal an Pharmaprodukten führten zu einem stark auf die Behandlung von Symptomen ausgerichteten Medizinverständnis. Es wurde zwar gefragt, welche Beschwerden ein Patient hat, nicht aber warum und weshalb diese auftreten.
Spätestens seit den 1980-er Jahren ist die Nachfrage nach sanften Heilmethoden, wie

sie auch gerne bezeichnet werden, gewachsen. Das Prädikat *ohne Nebenwirkungen* wird den Methoden allerdings oft zu Unrecht erteilt. Unsachgemäß angewendet, verlieren auch diese Verfahren ihre Wirksamkeit oder führen sogar zu unerwünschten Reaktionen. Doch was macht die alternative Medizin so attraktiv? Klassische Naturheilverfahren verfolgen einen ganzheitlichen Ansatz und das bedingt, dass sich der Therapeut mehr Zeit nehmen muss. Viele Menschen vermissen diese Zuwendung bei ihrem Arzt oder Tierarzt.

Alternativ – komplementär?

Beide Begriffe sind nicht 100%-ig definiert, werden aber als Abgrenzung zur Schulmedizin verwendet. Die Bezeichnung Komplementärmedizin (ergänzende Medizin) scheint treffender, weil die Verfahren oft keine Alternative, jedoch eine sinnvolle Ergänzung zur Schulmedizin darstellen.

Naturheilverfahren und Komplementärmedizin ergänzen die Behandlung von Atemwegserkrankungen auf verschiedene Weise. So können Symptome gelindert und das Immunsystem gestärkt werden.

Außerdem sprechen Behandlungserfolge für sich, und manche Therapien konnten sich so auch in der Schulmedizin etablieren, zum Beispiel die Pflanzenheilkunde oder Akupunktur. In der Human- wie auch in der Tierpraxis sind die Grenzen daher oft fließend und der schulmedizinisch arbeitende Arzt oder Tierarzt wird nach entsprechender Indikation auch Methoden der Naturheilkunde befürworten.

Ein Beispiel: Eine leichte Infektion ohne Fieber kann ein widerstandsfähiger Organismus gut abwehren. Zur Unterstützung des Immunsystems können homöopathische Mittel oder spezielle Kräuter verabreicht werden, über deren Einsatz der Therapeut individuell entscheiden muss. Patienten profitieren in jedem Fall von der interdisziplinären Zusammenarbeit zwischen Tierärzten und Naturheilkundlern.

PRAXISTIPP!

Achtung, Turnierpferde!

Manche Heilpflanzen sind dopingrelevant. Informationen zu den geltenden Dopingbestimmungen finden Sie in den Anti-Doping- und Medikamentenkontroll-Regeln, kurz ADMR.

ADMR-Suchmaschine: www.pferd-aktuell.de/fairer-sport/fairer-sport

PHYTOTHERAPIE

Die Pflanzenheilkunde gehört zu den ältesten medizinischen Therapien und wird auf allen Kontinenten und in allen Kulturen eingesetzt. Der Ursprung der europäischen Heilpflanzenkunde liegt in der griechischen und römischen Antike, die »Materia Medica« von Dioskurides wurde im 1. Jahrhundert nach Christi geschrieben und gilt als das wichtigste Kräuterbuch der Antike (Wichtl et al. 2009).

Das Wissen um die Wirkung von Blüten, Blättern und Wurzeln haben die Menschen früher mit Magie und Hexerei verbunden. Heute ist die Wirkung des einen oder anderen »Zaubertranks« zwar wissenschaftlich bewiesen, doch nach wie vor spielen Erfahrungen, überliefertes Wissen und Traditionen eine wichtige Rolle. Isabelle Wohlgenannt von der Veterinärmedizinischen Universität Wien hat im Rahmen ihrer Diplomarbeit zum Beispiel herausgefunden, dass ein Drittel aller Pflanzen, welche im 18. und 19. Jahrhundert schon verwendet wurden, auch heute noch bei Atemwegserkrankungen der Pferde eingesetzt werden (Diss. 2016).

Ab dem 17. Jahrhundert findet sich erste Literatur über die Anwendung von Pflanzen in der Tierheilkunde. Mit der Gründung der ersten Veterinärschulen in Europa 1762 bis zum Ende des 19. Jahrhunderts erlebte die Pflanzenheilkunde beim Tier eine wahre Hochblüte (Reichling et al. 2008).

Auf den nächsten Seiten sind die bei Atemwegserkrankungen meistgenannten Pflanzen aller Epochen in alphabetischer Reihenfolge aufgeführt und beschrieben:

Anis ist vor allem als aromatisches Gewürz bekannt. Doch in den getrockneten Früchten steckt auch das wirksame ätherische Öl.

Bockshornklee wird als Aufguss vor allem in China, Indien und Tibet als Hustenmittel und zur Reinigung der Atemwege eingesetzt.

Anis

Die Früchte, Anisi fructus, werden von der Kommission E (siehe Kasten S. 62) u.a. zur inneren und äußerlichen Anwendung bei Katarren der Luftwege empfohlen. Sie wirken expektorierend (auswurffördernd), schwach spasmolytisch (krampflösend) und antibakteriell.

Bockshornklee

Die Samen des Bockshornklees, Trigonellae foenugraeci semen, haben einen hohen Gehalt an Schleimstoffen und schaffen bei Katarren der oberen Luftwege Linderung. Die Wirksamkeit der Droge ist nicht belegt, sie wird nur in der Volksmedizin angewendet. Bockshornklee gehört zu den Pflanzen mit negativer Monographie der Kommission E in Bezug auf Atemwegserkrankungen.

Echter Alant

Die Droge wird traditionell zwar bei Erkrankungen der Atemwege empfohlen, die Kommission E befürwortet aber die therapeutische Anwendung der Droge aufgrund mangelnder Untersuchungen zur Wirksamkeit und dem Risiko einer allergischen Reaktion nicht.

Echter Eibisch

Die Blätter werden als Teezubereitungen bei Husten und Bronchitis verwendet. Aus der Wurzel werden sowohl Tees und Flüssigextrakte als auch teigige Arzneiformen hergestellt und von der Kommission E zur Anwendung bei Husten und Schleimhautreizungen im Maul- und Rachenraum empfohlen. Die antitussive (den Hustenreiz unterdrückende) Wirkung der Pflanze kann durch den Gehalt an Schleimstoffen (Polysacchariden) erklärt werden.

Salbei ist als aromatisches Gewürz bekannt. Die schmale Sofie, wie das Kraut ebenfalls genannt wird, ist aber auch als Heilpflanze beliebt.

Fenchel ist eine weltweit verbreitete Gemüse-, Gewürz- und Heilpflanze. 2009 wurde Fenchel zur Arzneipflanze des Jahres gekürt.

Echte Kamille

Den Blüten der Echten Kamille, Matricariae flos, konnten antiphlogistische, spasmolytische und antimikrobielle Wirkungen nachgewiesen werden. Die Kommission E empfiehlt die äußerliche Anwendung u.a. bei Reizzuständen der Luftwege.

Echter Salbei

Seit dem 18. Jahrhundert bis heute werden die Blätter des Echten Salbeis, Salviae officinalis folium, bei Erkrankungen der Atmungsorgane verwendet. Die Blätter der Pflanze haben antibakterielle, adstringierende, sekretionsfördernde und schweißtreibende Wirkung. Von der Kommission E wird Salbei bei Entzündungen von Mund und Rachen sowie dyspeptischen Beschwerden befürwortet.

Echter Thymian

Die Droge wirkt bronchospasmolytisch, expektorierend und antibakteriell und wird von der Kommission E bei Symptomen der Bronchitis sowie bei Katarren der oberen Luftwege positiv bewertet.

Fenchel

Das ätherische Öl der Früchte wirkt nachweislich antimikrobiell (keimabtötend), spasmolytisch, sekretolytisch (schleimverflüssigend), expektorierend und antiphlogistisch (entzündungshemmend) und kann zur Unterstützung bei Erkrankungen der oberen Atemwege empfohlen werden. Die Droge wird hauptsächlich als Teeaufguss verwendet.

Schwarzer Holunder

Es werden sowohl Blätter als auch Blüten des Schwarzen Holunders zur Behandlung von Erkältungskrankheiten verwendet, für diese In-

Inhaltsstoffe der Süßholzwurzel regen die Bronchialschleimhaut an, mehr dünnflüssiges Sekret zu bilden. Dadurch lässt sich Schleim leichter abhusten.

Schon den Germanen galt die Kamille als heilig. Im Mittelalter entdeckten Kräuterkundige, dass Kamille auch gegen Atemwegskrankheiten hilft.

dikation liegt eine positive Pflanzenmonographie der Kommission E vor. Die Heilkraft der Pflanze ist schon seit dem 18. Jahrhundert bekannt. Sie wird hauptsächlich als Teedroge verwendet, wirkt schweißtreibend und fördert die Bronchialsekretion.

Süßholz

Süßholzwurzel, Liquiritiae radix, hat sekretolytische und expektorierende Wirkungen und kommt bei Katarren der oberen Luftwege zum Einsatz. In dieser Indikation wird sie von der Kommission E zur Anwendung empfohlen.
(Quelle: Wohlgenannt, Isabelle: Einsatz und Bedeutung von pflanzlichen Arzneien im Bereich des Respirationstraktes von Pferden im deutschsprachigen Mitteleuropa im Wandel der Zeit. Wien, Diss. 2016)

Die Mischung macht's

In der Phythotherapie, der Behandlung von Krankheiten mit Heilkräutern, werden Kräuter gezielt als Einzelkräuter, individuelle Zusammenstellungen oder Kräutermischungen zugefüttert – am besten in Verbindung mit einer fachkundigen Fütterungsberatung. Denn abgesehen von einer wohltuenden Kräutergabe zur Nahrungsergänzung, müssen Auswahl, Kombination und Dosierung der Kräuter individuell abgestimmt werden. Laien sollten nicht auf eigene Faust und ohne fachkundige Beratung Kräuter zusammenstellen, sondern auf fertige Kräutermischungen zurückgreifen. Im therapeutischen Einsatz werden Pflanzen und ihre Bestandteile bei Atemwegserkrankungen gerne frisch oder getrocknet dem Krippenfutter zugefügt oder in Form von Tees verabreicht. Letzteres ist auch für Laien einfach zuzubereiten. Wichtig ist, die gute Qualität der Kräuter, da die Gehalte der wertvollen Inhaltsstoffe schwanken. Diese sind inzwischen recht gut erforscht:

- **Ätherische Öle**: Leicht flüchtige, intensiv riechende, fettlösliche Öle, die zum Beispiel entzündungshemmend, krampflösend oder auswurffördernd wirken.
- **Alkaloide**: Heilgifte, die auf das Nervensystem wirken. Der Pflanze dienen sie zum Schutz vor Schädlingen.
- **Bitterstoffe**: Substanzen mit bitterem Geschmack.
- **Polysaccharide** (Schleimstoffe): Schleimstoffe haben eine hohe Stoffdichte und bilden einen Gleitfilm. Sie wirken entzündungshemmend und bilden einen Schutzfilm zum Beispiel bei Reizhusten.
- **Saponine**: Saponine haben seifenähnliche Eigenschaften und setzen die Oberflächenspannung herab. Sie verflüssigen zum Beispiel festsitzendes Sekret in den Bronchien.
- **Vitamine**: Vitamine sind organische Verbindungen, die der Organismus für lebenswichtige Funktionen benötigt, jedoch nicht bedarfsdeckend herstellen kann.

Kommission E

Die Kommission E wurde 1978 (Inkrafttreten des neuen Arzneimittelgesetzes) gegründet und ist eine selbstständige wissenschaftliche Kommission des ehemaligen Bundesgesundheitsamtes (BGA) und heutigen Bundesinstituts für Arzneimittel und Medizinprodukte (BfArM) in Deutschland. Die Kommission beurteilt Arzneipflanzen auf ihre Wirksamkeit und Unbedenklichkeit. Daraus wurden die bis heute gültigen Monografien (Steckbriefe) erstellt, die als Grundlage für die Zulassung pflanzlicher Arzneimittel gelten. Heute wird diese Aufgabe mehr und mehr auf europäischer Ebene von der ESCOP wahrgenommen.

Kräuter werden frisch, getrocknet oder als Tee mit dem Krippenfutter verabreicht.

HUSTENTEE-REZEPT 1

Einen Hustentee können Sie herstellen aus folgender Mischung:
100 g Fenchel
25 g Lungenkraut
200 g Huflattich
150 g Königskerze
200 g Spitzwegerich
100 g Brennnesseln
200 g Thymian

Geben Sie zwei Esslöffel dieser Mischung auf ½ Liter kochendes Wasser und lassen Sie den Tee 20 Minuten ziehen. Danach können Sie alles, das heißt Tee und Kräuter, zusammen mit Mash verfüttern.

HUSTENTEE-REZEPT 2

Das Rezept für einen weiteren Hustentee besteht aus folgender Mischung:

100 g Anis
100 g Fenchel
100 g Süßholzwurzel
100 g Lindenblüten
100 g Eibischblätter und
250 g Malvenblüten
10 Holunderblüten
1 Zweig Salbeiblätter
2 Zweige Thymian
2 Zweige Rosmarin

100 g dieser Kräutermischung auf einen Liter heißes Wasser geben und 15 Minuten ziehen lassen. Vier Esslöffel Honig unterrühren, wenn der Tee unter 40 Grad abgekühlt ist, und dem Pferd warm anbieten.

TRADITIONELLE CHINESISCHE MEDIZIN

Der *Große Wildbach* ist nur ein kleiner Punkt, die *Mächtige Brandung* nicht zu hören und *Fließende Tränen* sind kein Grund zur Traurigkeit. Vielmehr bezeichnen diese aus dem Chinesischen übersetzten Bezeichnungen verschiedene Akupunkturpunkte.

Akupunktur ist als eine traditionelle chinesische Heilmethode bekannt, bei der feine Nadeln in Körperregionen gestochen werden, um Beschwerden zu lindern. Weniger bekannt sind sicher die Vorstellungen der Körperfunktionen und Grundlagen, auf die sich die fernöstliche Behandlungsmethode stützt. Die Lebensenergie wird Qi genannt. Dieses Qi fließt im Sinne der traditionellen chinesischen Medizin (TCM) in Leitbahnen, sogenannten Meridianen. Diese Leitbahnen verlaufen an manchen Stellen dicht unter der Hautoberfläche und sind über die Akupunkturpunkte zu erreichen. Das heißt, diese Punkte können mit Akupunkturnadeln oder per Fingerdruck stimuliert werden.

Im Sinne der fernöstlichen Philosophie ist ein Organismus gesund, wenn die Energie harmonisch fließt.

Gerät der Energiefluss ins Stocken, kommt das Qi aus der Balance und als Folge kann sich eine Krankheit entwickeln. Mögliche Störfaktoren sind zum Beispiel Kälte, Wärme, falsche Ernährung oder psychischer Stress.

Aufgabe der Akupunktur ist es, diese energetischen Blockaden zu beseitigen. Daher wird Akupunktur auch als Regulationstherapie charakterisiert.

Die chinesischen Bezeichnungen entsprechen nicht festen anatomischen Formen, sondern

eher Funktionskreisen, die organübergreifende Zusammenhänge beschreiben.
Dieser Ansatz ist übertragen auf die westliche Medizin vergleichbar mit dem Immunsystem, das Schulmediziner auch nicht einem konkreten Organ zuschreiben würden.
Die Akupunktur erzielt nicht nur in der Schmerztherapie sehr gute Erfolge, sondern auch bei der Behandlung innerer Erkrankungen, insbesondere bei Atemwegsproblemen und zur Stärkung des Immunsystems.

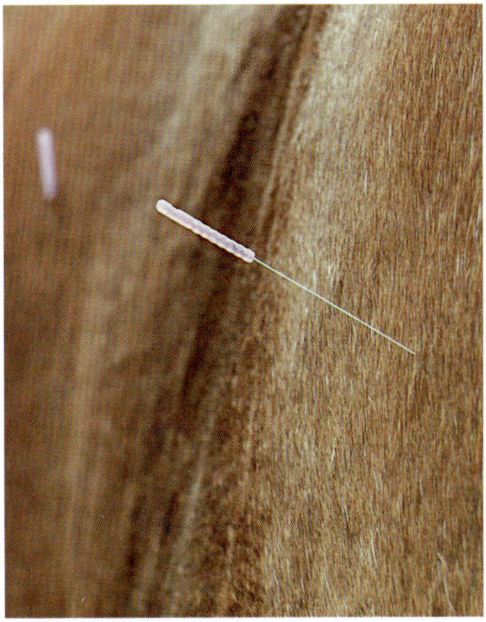

Akupunktur ist vor allem als Schmerztherapie bekannt, wird aber auch bei inneren Erkrankungen erfolgreich eingesetzt.

TCM und chronische Bronchitis

Aus Sicht der chinesischen Medizin ist nicht allein der harmonische Fluss von Qi für die Gesundheit des Pferdes zuständig. Insgesamt gibt es fünf sogenannte vitale Substanzen:

1. Qi (Lebensenergie)
2. Xue (Blut)
3. Jin-Ye (alle Körperflüssigkeiten, außer Blut)
4. Jing (Essenz)
5. Shen (Jing und Qi bilden Shen, auch als Niere oder Geist/Bewusstsein beschrieben)

Nur die optimale Interaktion dieser Substanzen erhält das Pferd gesund und widerstandsfähig. Bei Einschränkungen der vitalen Substanzen, wird das Pferd unter Umständen augenscheinlich einen akuten Infekt überstehen. Viele dieser Pferde husten nicht mehr und scheinen gesund, entwickeln aber bei Leistungsanforderungen chronische Atemwegsprobleme.
Für die Pferdebesitzer bleibt die Einschränkung oft unbemerkt, da die Pferde keine offensichtlichen Symptome wie Husten oder Schleimauswurf zeigen. Die Leitsymptome sind in diesen Fällen Müdigkeit und Leistungseinschränkung. Diese Patienten können optimal mit Akupunktur und chinesischen Kräuterrezepturen behandelt werden. Die Akupunktur stimuliert das Immunsystem, entspannt die Atemmuskulatur (Zwischenrippenmuskulatur und Bauchmuskulatur) und löst Bronchospasmen. Zusätzlich aktiviert die Akupunktur im vegetativen Nervensystem den Parasympatikus und bringt dem Pferd Entspannung, welche zur Genesung beiträgt, da diese eine Stärkung des Immunsystems fördert.
An dieser Stelle muss man sich nochmal vergegenwärtigen, dass sich das Fluchttier Pferd bei Atemproblemen quasi im Dauerstress befindet. Das Pferd mit Atemnot merkt, dass es bei Gefahr nicht in der Lage wäre, erfolgreich zu flüchten.

Moxa-Zigarren: Das Moxakraut besteht aus getrockneten Beifußblättern (Artemesia vulgaris).

PRAXISTIPP!

Experten finden

Adressen von geprüften tierärztlichen Akupunkteuren werden von den Tierärztekammern der Länder vermittelt.

Angriff von Wind und Kälte

Eine beginnende Virusinfektion geht mit eingeschränktem Allgemeinbefinden einher. Das kennen wir aus eigener Erfahrung und erleben es auch bei unseren Pferden. Sie wirken schlapp, müde und teilnahmslos.

In der traditionellen chinesischen Medizin wird dieses Stadium einer Erkrankung als Angriff von Wind und Kälte auf das Organ Lunge beschrieben.

Wind dringt aus chinesischer Sicht als äußerer, krankmachender Faktor in den Körper ein und führt zu ersten Anzeichen einer Atemwegsinfektion. Hat das Pferd ein starkes Immunsystem (Abwehr-Qi), kann es sich in wenigen Tagen erholen. Deshalb wird in der Akupunktur zu Beginn einer Infektion der pathogene Faktor Wind ausgeleitet und das Immunsystem des Pferdes gestärkt.

Dazu ein Beispiel aus der Praxis: Blacky ist ein fünfjähriger Rappwallach, der eines Tages plötzlich müde und lustlos scheint. Da sich zu der Zeit im Stall eine fiebrige Infektion unter den Pferden verbreitet, stellt der Besitzer das Pferd in der Akupunkturpraxis vor. Der Puls des Pferdes ist normalerweise oberflächlich und gespannt, seine Schleimhäute rot. Diesmal hat er weißliche Schleimhäute und einen oberflächlichen, gespannten Puls mit langsamer Frequenz. Hier wird deutlich, wie vorteilhaft es für den Akupunkteur ist, wenn er den Patienten in gesundem Zustand kennt. Blacky befindet sich am Anfang einer Infektion, aber die Symptome sind nicht gravierend. Der

FALLBEISPIEL:

SCHLEIM BLOCKIERT DIE LUNGE

Friedrich ist ein 9-jähriger Haflinger, der jeden Winter krank wird. Ab Dezember leidet er beim Reiten unter krampfartigem Husten ohne Schleimauswurf. Er bekommt schleimlösende Medikamente und hat auch schon eine Eigenbluttherapie sowie homöopathische Mittel erhalten. Die Besitzerin beschreibt, dass ihr Pferd im Winter sehr faul ist und schnell friert. Außerdem war ihr aufgefallen, dass Friedrich im Winter deutlich mehr Wasser lassen muss als im Sommer. Ab März klingt der Husten dann ab und verschwindet über den Sommer. Im nächsten Winter wiederholt sich allerdings der Kreislauf. Wie hängt das aus Sicht der TCM zusammen?

Friedrich steht im Pi-Typ. Er frisst ausgesprochen gerne und ist leicht übergewichtig. Er ist liebenswert, aber nicht besonders leistungsbereit. Seine Hinterbeine laufen über Nacht an, werden beim Reiten aber wieder dünn. Sein Puls ist tief und schwach. Obwohl die Besitzerin der Meinung war, dass eine Bronchoskopie nicht nötig sei, weil man keinen Schleim sieht, lässt sie sich davon überzeugen, ihr Pferd in einer Klinik vorzustellen. Die Bestürzung war groß, als durch das Bronchoskop zu sehen war, dass die Bronchien des Wallachs voll zähem Schleim waren. Da keine bakterielle Infektion vorlag, wurde allein auf Akupunktur gesetzt.

»Schleim blockiert die Lunge«, lautet die TCM-Diagnose. Zusätzlich besteht eine Schwäche des Nieren-Yang, die sich durch Frieren und vermehrtes Wasserlassen äußert.

Ziel der Akupunktur ist einerseits, den Schleim zu lösen, anderseits das Nieren-Yang zu stärken. Der Schleim wird über die Stimulation der Punkte Magen 40 und Konzeptionsgefäß 22 behandelt. Die Kältesymptome werden durch Moxibustion auf Blase 23 therapiert. Friedrich wurde zweimal im Abstand von zehn Tagen akupunktiert. In diesem Zeitraum begann er, nach dem Reiten Schleim abzuhusten. Es folgten noch drei Behandlungen im Abstand von 20 Tagen. Zusätzlich wurde ein chinesisches Kräuterrezept verabreicht, das die Lunge stärkt. Zudem akupressierte die Besitzerin in dieser Zeit einmal täglich die Punkte Niere 3 zur Nierenstärkung und für die Lunge den Punkt Lunge 7.

Ende Januar wurde Friedrich bronchoskopiert. Seine Bronchien waren schleimfrei. Im Folgejahr erhielt er prophylaktisch im November eine Moxibustion und überstand den Winter ohne Erkrankung. Seine Geschichte ist typisch für viele Pferde, die über lange Zeiträume Atemwegserkrankungen haben. Die Akupunktur kann in diesen Fällen sehr gut den Kreislauf aus symptomfreien und Husten-Intervallen durchbrechen.

langsame Puls und die weißlichen Schleimhäute sowie die Müdigkeit bei der Arbeit sind die einzigen Anzeichen der eindringenden Infektion.

Durch die einmalige Akupunktur der Punkte Lunge 7 (Lu7), Gallenblase 20 (Gb20) und Niere 3 (Ni3) erholt sich das junge Pferd schnell und ist zwei Tage später zwar wieder vital, soll aber noch weitere 10 Tage nicht belastet werden. Dieses Beispiel soll Reiter und Pferdehalter bestärken, frühzeitig therapeutische Unterstützung zu suchen, wenn sie Veränderungen im Verhalten ihrer Pferde feststellen.

Wehrloses Lungen-Qi

Ein schwaches Lungen-Qi ist im Verständnis der traditionellen chinesischen Medizin Ursache vieler Erkrankungen der oberen und unteren Atemwege. Mögliche Ursachen sind schlechte Haltungsbedingungen, chronische Erkrankungen anderer Organe, hohes Alter, Stress und verschleppte Infekte.

Durch die verminderte Widerstandskraft kann die Infektion tiefere Regionen der Atemwege wie Bronchien oder Lunge angreifen. In diesem Stadium zeigen die Pferde deutliche Krankheitsanzeichen, sind kurzatmig und nicht mehr voll belastbar. Oft husten die Pferde und atmen schwer. In manchen Fällen läuft ihnen gelbes Sekret aus den Nüstern. Zusätzlich zur schulmedizinischen Behandlung kann in diesen Fällen eine Kombination aus Akupunktur und chinesischer Kräutertherapie das Lungen-Qi unterstützen und positiven Einfluss auf die anderen Organsysteme nehmen.

WAS IST EIGENTLICH MOXIBUSTION?

Moxibustion (lat. Moxa = echter Beifuss und buro = brennen) bezeichnet den Vorgang der Erwärmung von speziellen Punkten des Körpers. Dabei verglimmen kleine Mengen getrockneter Beifußfasern (Moxa) auf der Akupunkturnadel. Der traditionellen chinesischen Lehre zufolge wirkt die Hitze auf den Fluss des Qi in den darunter liegenden Meridianen. Hauptanwendungsgebiete sind Schwäche nach chronischen Erkrankungen und Erkrankungen der Atemwege wie chronische Bronchitis.

Schleim blockiert die Lunge

Eine Erkrankung, die nicht nur die Nutzung der Pferde, sondern auch ihre Lebensqualität erheblich einschränken kann, ist die Bronchitis mit Schleimbildung. Viele Pferde neigen bei diesem Krankheitsverlauf zu vermehrter Schleimproduktion, die sich in Husten mit Auswurf von Schleim äußert. Der Schleim kann weißlich, aber auch gelb oder grünlich sein.

Bekommen diese Pferde schleimlösende Mittel, sind sie oft eine Weile ohne Symptome. Falls der Infekt nicht vollständig auskuriert ist, treten die Probleme zu bestimmten Jahreszeiten oder nach Belastung wieder auf. Unter Umständen wird daraus eine Never-ending-Story. »Schleim blockiert die Lunge«, heißt es in der TCM. Als Ursache werden eine Schwächung des Milz-Qi und des Nieren-Qi angesehen.

FALLBEISPIEL:

CHRONISCHE BRONCHITIS OHNE HUSTEN

Sunny Boy ist ein zehnjähriges Dressurpferd und bis Grand Prix ausgebildet. In der letzten Zeit hat die Leistungsfähigkeit des Sportpferdes merklich nachgelassen. Pferd und Reiterin mussten sich unglaublich anstrengen, um eine Dressurprüfung zu absolvieren.
Der Wallach gehört zu jenen Pferden, die als »nicht hustend« in der Akupunkturpraxis vorgestellt werden.
Die Untersuchung in einer Klinik hat sehr schlechte Blutgaswerte ergeben, was bedeutet, dass die Lunge den Körper nur ungenügend mit Sauerstoff versorgen kann. Eine Verschleimung der Bronchien wurde dort aber nicht festgestellt. Das Behandlungskonzept der Klinik bestand aus Inhalationen und Medikamenten. Das Befinden des Pferdes verbesserte sich, wurde aber mit Absetzen der Therapie wieder schlecht.
Eine ergänzende Akupunkturbehandlung stärkte nicht nur die Lunge, sondern unterstützte Niere und Leber als Entgiftungsorgane.
Da Sunny Boy sehr leistungsschwach war, wurde ihm ein traditionelles Kräuterrezept verabreicht, das Qi und Blut stärkt. Das Blut (chin. Xue) hat in der chinesischen Medizin eine andere Bedeutung als in der westlichen Medizin. Blut ist eine Form der fünf vitalen Substanzen und unterstützt die Bildung von Qi sowie die Regeneration des Lungengewebes.
Die Akupunkturbehandlung fand über ein halbes Jahr alle 14 Tage statt. Nach vier Monaten hatten sich die Sauerstoffwerte im Blut normalisiert. Da die Lungenpunkte bei der Kontrolle immer noch druckempfindlich waren, erhielt der Wallach weitere Akupunkturbehandlungen. Erst nachdem auf Grundlage der TCM keine Symptome mehr festgestellt wurden, konnte die Behandlung beendet werden.
Sunny Boy blieb daraufhin ein Jahr lang stabil und leistungsfähig. Dann erkrankte er an einer akuten Infektion der Atemwege. Die Besitzerin nahm die Krankheitsanzeichen direkt ernst. Diesmal bestand das Behandlungskonzept von Beginn an aus einer Kombination von Schulmedizin und Akupunktur. Der Wallach war nach vier Wochen gesund. Doch die Empfindlichkeit für eine erneute Erkrankung bleibt bestehen, deshalb erhält er dauerhaft ein spezielles Kräuterrezept, das sein Lungen-Qi stabil hält.

Nur ein Drittel der Patienten wird in China allein mit Akupunktur behandelt. Meist werden Akupunktur, Akupressur und Kräuterrezepturen kombiniert.

Eine Akupunkturbehandlung wirkt schleimlösend und unterstützt die Lungenfunktion. Da aus Sicht der TCM nicht allein die Lunge betroffen ist, werden Niere und Milz ebenfalls behandelt.

Es ist immer von Vorteil, wenn zu Beginn der Erkrankung eine Bronchoskopie durchgeführt wird, damit Verschleimung und Veränderungen der Lunge als Status quo festgestellt werden können. Mit einer abschließenden Bronchoskopie zum Ende der Therapie sollte der Behandlungserfolg überprüft werden.

Wichtig ist die fortlaufende Kontrolle chronisch erkrankter Pferde: Hustet ein Pferd beispielsweise immer im Winter, sollte es im Oktober regelmäßig zu einer Kontrolluntersuchung vorgestellt werden.

Die beschriebenen Beispiele stehen für typische Krankheitsverläufe bei Atemwegserkrankungen. Sie unterstreichen, wie wichtig eine frühzeitige Behandlung ist, um Krankheiten abzuwehren und zeigen, wie die traditionelle chinesische Medizin sowohl bei akuten Infekten als auch bei chronischen Krankheitsverläufen erfolgreich eingesetzt werden kann.

Chinesische Kräuter

Chinesische Kräuter sind wie die Akupunktur eine Säule der traditionellen chinesischen Medizin. Die Rezepturen bestehen aus pflanzlichen und mineralischen Stoffen, die in individuellen Zubereitungen zusammengestellt werden. In einer klassischen TCM-Apotheke sind üblicherweise mehrere hundert Arzneidrogen vorrätig. Sie werden in Mischungen von vier bis zehn Bestandteilen angewendet. Im Gegensatz zur westlichen Medizin, in der Krankheiten häufig mit einem Wirkstoff behandelt werden, bestehen chinesische Rezepte immer aus dem Zusammenspiel verschiedener Komponenten. Jede Arzneidroge hat dabei ihre besondere Funktion: Ein Kaiser (Jun) ist für die Hauptwirkung verantwortlich, ein Minister (Chen) unterstützt den Kaiser oder deckt einen zweiten Indikationsbereich ab. Assistenten (Zuo) unterstützen entweder den Kaiser oder mildern Nebenwirkungen der Hauptdroge. Boten (Shi) harmonisieren das gesamte Rezept. Sie bestehen häufig aus Zimt oder Süßholzwurzel.

In China werden Patienten selten ausschließlich mit Akupunktur behandelt, meist werden Akupunktur und Kräutertherapie kombiniert.

Akupressur

Die Akupressur folgt den gleichen Kriterien wie die Akupunktur, kann aber auch von medizinischen Laien anwendet werden.
Die Behandlung besteht in der Massage einzelner Akupunkturpunkte durch Finger, Handflächen oder Knöchel. Die Akupressur wirkt zwar nicht so intensiv wie die Akupunktur und kann keine Erkrankungen therapieren, wird aber häufig als Ergänzung zu einer Akupunkturtherapie empfohlen. Zum Beispiel zur Nachsorge nach einer überstandenen Infektion.
Mit Akupressur können Pferdebesitzer auch das Immunsystem ihres Pferdes selbst wirksam unterstützen.

> **PRAXISTIPP!**
>
> **Lernvideo**
> **Akupressur für Pferde**
>
> Auf www.wehorse.com finden Sie ein vierteiliges Video von Dr. Ina Gösmeier mit genauer Lokalisation der Akupressurpunkte und Anwendungsbeispielen.

Die wichtigsten Punkte zur Akupressur bei Atemwegserkrankungen:

Lunge 7 (Lu 7): Im Anfangsstadium einer Infektionskrankheit kann das Immunsystem durch Akupressieren von Lu 7 in Kombination mit Di 4 gestärkt werden.

Magen 36 (Ma 36): Bei chronischen Atemwegserkrankungen und Appetitlosigkeit sollte Ma 36 immer eingesetzt werden. Ebenso bei beginnenden Infektionskrankheiten. Ma 36 stärkt das Abwehr-Qi und damit das Immunsystem.

Dickdarm 4 (Di 4): Aus Sicht der TCM dringt Wind/Kälte als krankmachender Faktor in den Körper ein und führt zu ersten Anzeichen einer Atemwegsinfektion. Di 4 leitet Wind/Kälte aus. Da er starke Wirkung auf den Kopfbereich hat, wird er auch bei Nasennebenhöhlenentzündungen und Kehlkopfreizungen akupunktiert. Auch bei allergischer Bronchitis wird Di 4 stimuliert.

Niere 3 (Ni 3): In der chinesischen Medizin wird die Niere (Shen) als Grundlage aller Lebensvorgänge gesehen. Ist Shen stark, kann das Pferd über einen langen Zeitraum Leistung bringen. Bei einer Nierenschwäche ist das Pferd dagegen schnell erschöpft und krankheitsanfällig. Die psychischen Komponenten von Niere sind Angst und Stress. Beides wirkt sich negativ auf das Immunsystem aus. Daher ist im Sinne der chinesischen Medizin eine schwache Niere nicht in der Lage, Lungen-Qi zu empfangen und das Pferd ist dadurch anfälliger für Atemwegserkrankungen.

Milz-Pankreas 6 (MP 6): Stärkt die Mitte und hilft, Schwächezustände zu überwinden.

Gallenblase 20 (Gb 20): Leitet Wind aus und hilft gegen Virusinfektionen und bei Genickverspannungen.

MYKOTHERAPIE

Bei dem Stichwort Pilze werden womöglich eher negative Assoziationen geweckt. Tauchen diese Gewächse doch oft in Zusammenhang mit Hygienemängeln und Infektionen auf – auch in diesem Buch. Doch Pilze sind besser als ihr Ruf und verdienen daher auch als vielseitige Heilmittel Beachtung.

Botanisch gesehen sind Pilze keine Pflanzen, da sie keine Photosynthese benötigen. Sie zählen auch nicht zu den Tieren und bilden deshalb unter den Organismen eine eigenständige Gruppe.

Natürlich gibt es sie, die giftigen und schädlichen Vertreter. Es gibt aber auch zahlreiche Pilze, die erstaunlich positive Wirkungen haben. Seit Jahrtausenden sind sogenannte Großpilze fester Bestandteil der traditionellen chinesischen Medizin und Volksheilkunde. Unter dem Begriff Mykotherapie versteht man den Einsatz von Vitalpilzen zur Vorbeugung und Heilung gesundheitlicher Beschwerden. Meist handelt es sich um normale Speisepilze, die in China beispielsweise traditionell zur Behandlung und Gesunderhaltung von Menschen eingesetzt werden. Sie haben so fabulöse Namen wie Klapperschwamm, Raupenpilz oder Igelstachelbart.

Pilze sind die ältesten Organismen auf unserem Planeten. Im Laufe der Evolution trotzten sie Naturkatastrophen mit Hitze, Kälte, Nässe und Trockenheit. Sie überlisteten natürliche Feinde wie Bakterien, Viren und schädliche Pilze. Um das eigene Überleben zu sichern, entwickelten sie spezielle Strategien und die Fähigkeit, bioaktive Substanzen zu bilden. Diese Vitalstoffe, sekundäre Nährstoffe mit Heilkraft, zeichnen Vitalpilze aus. Einige bildeten sogar die Grundlage für die Entwicklung bedeutsamer Medikamente, am bekanntesten ist wohl das Penicillin. Wissenschaftliche Studien aus der Humanmedizin belegen, dass sekundäre Nährstoffe den Organismus positiv beeinflussen. Entsprechende Erfahrungen werden auch bei Tieren gemacht.

Vitalpilze werden eingesetzt, um das Immunsystem zu stärken. Sie wirken antibiotisch, antiviral, antitumoral, antiallergisch und entzündungshemmend. Sie regulieren Blutfettwerte und Bluthochdruck, entgiften und entschlacken den Organismus, kurz: Vitalpilze bringen Ungleichgewichte ins Gleichgewicht. Die Alleskönner werden als unscheinbare Pulver, Tabletten oder Kapseln angeboten. Um die Möglichkeiten voll auszuschöpfen, werden mehrere Pilze kombiniert und in fertig abgestimmten Mischungen von mindesten vier bis zu höchstens zehn Pilzen angeboten.

Heilpilze sind Multitalente

Heilpilze sind in der Lage, Schadstoffe zu absorbieren oder in weniger toxische Endprodukte umzuwandeln. Das heißt, sie wirken entgiftend und entschlackend. Mit einigen Pilzen können sogar bestimmte Ausscheidungsorgane gezielt unterstützt werden. So hat Reishi (Glänzender Lackporling) einen besonderen Bezug zur Leber, was in Verbindung mit Atemwegserkrankungen sehr interessant ist. Er wirkt blutreinigend und fördert vor allem die Ausscheidung fettlöslicher Giftstoffe. Die Leber ist das größte Entgiftungsorgan und wird mit Kontaminationen aller Art konfrontiert. Ihr Einfluss auf das Immunsystem ist von großer Bedeutung. Eine schwache Leber kann zu immer wiederkehrenden Atemwegserkrankungen führen. Reishi wirkt blutreinigend und fördert vor allem die Ausscheidung fettlöslicher Giftstoffe.

Hericium (Igelstachelbart) unterstützt den Aufbau der Magen- und Darmschleimhaut. Einerseits wird so die Entgiftung über den Verdauungstrakt gefördert. Andererseits wird die Durchlässigkeit der Darmwand verringert, so dass weniger Giftstoffe in die Blutbahn gelangen. Cordyceps sinensis (Raupenpilz) wiederum fördert die Ausscheidung wasserlöslicher Gifte über die Niere.

Wenn Regulationsmechanismen des Körpers langfristig überlastet sind, entwickeln sich Krankheiten und Funktionsstörungen. Hier kommt eine weitere wichtige Eigenschaft der Vitalpilze ins Spiel: Sie sind Adaptogene (to adapt = anpassen). Aufgrund ihrer ausgleichenden und regulierenden Wirkung können sie Pferden bei der Anpassung an Stresssituationen helfen und komplexe Abläufe im Körper wieder ins Gleichgewicht bringen. Der Heilpilz Reishi ist bezüglich seiner direkten Wirkung auf das Nervensystem ein gutes Beispiel dafür. Reishi wird gerne bei nervösen Pferden eingesetzt, zum Beispiel auf längeren Transporten oder bei Turnieren,

Pilze wirken der Ursache einer Erkrankung entgegen und unterdrücken nicht einfach nur deren Symptome. Das macht sie für eine ganzheitliche Behandlung attraktiv.

Aus medizinischer Sicht sind Vitalpilze so interessant, weil sie dem Organismus beim Wiedererlangen der sogenannten Homöostase helfen. Darunter versteht man die Ausgewogenheit sämtlicher im Organismus vorliegender Gleichgewichte wie: Wasser- und Elektrolythaushalt, Mineralstoff- und Spurenelementhaushalt sowie Enzym-, Hormon- und Immunzellengleichgewicht.

Vorbeugen ist gut

Pferde müssen sich mit vielen Umweltfaktoren auseinandersetzen, die auf Dauer ihre Gesundheit belasten können: schädliche Stoffe aus der Umwelt, chemische Stoffe und Toxine. Oft kommen ungeeignete Fütterung und Bewegungsmangel hinzu. Oder das andere Extrem: weite Transporte, Wettkampf- und Turnierstress. Je nach Konstitution und Ausprägung der Faktoren äußern sich mögliche Folgen durch Erschöpfung und verminderte Leistungsfähigkeit. Wichtige Stoffwechselvorgänge und Anpassungsmechanismen können bei Dauerbelastung entgleisen. Ist die Entgiftungsfähigkeit des Organismus dauerhaft gestört, leidet nicht nur das allgemeine Wohlbefinden, sondern es zeigen sich deutliche Symptome oder sogar chronische Beschwerden.

Dazu zählen: Hautprobleme, Abwehrschwäche oder Allergien. Doch man muss nicht warten, bis sich Krankheiten entwickelt haben. Ganz im Sinne der chinesischen Medizin sind Heilpilze auch zur Prophylaxe bestens geeignet. Der Fellwechsel ist ein gutes Beispiel. Die Kurweise Gabe über sechs Wochen ist eine gängige Dosierung. Für die optimale Wirkung wird das Pulver mit heißem Wasser übergossen und abgekühlt über das Krippenfutter gegeben.
Jeder Organismus reagiert individuell, daher können Dauer und Dosierung etwas variieren. Vitalpilze werden auch bei Turnierpferden eingesetzt, da sie als nicht-dopingrelevant angesehen werden – mit Ausnahme des Cordyceps, der nach der Einnahme eine erhöhte Sauerstoffaufnahme im Organismus ermöglicht. Zur unterstützenden Therapie von Atemwegserkrankungen eignen sich besonders folgende Vitalpilze:

Cordyceps (Chinesischer Raupenpilz)

Der Raupenpilz ist ein aus Tibet stammender Schlauchpilz. Der Pilz wächst unterirdisch aus dem Kopf von Raupen. Die keulenförmigen, 5 bis 15 cm hohen, braunen Sammelfruchtkörper wachsen im Frühjahr zur Erdoberfläche. Er ist eine der wichtigsten Einnahmequellen der tibetischen Hirten und Bauern.
Wirkung: Hemmt Entzündungen, wirkt gegen Bakterien, stärkt Lunge und Niere nach der TCM. Achtung: dopingrelevant!

Coriolus (Schmetterlingstramete)

Der Coriolus ist weltweit verbreitet und wächst an abgestorbenen Baumstämmen. Er sorgt als Holzzersetzer für die Verwesung abgestorbener Bäume.
Wirkung: Der Coriolus wirkt antiviral, stärkt das Immunsystem, reduziert die Schleimbildung, wirkt gegen Pilzerkrankungen und verbessert die Wundheilung. Er wird bei bakteriellen und viralen Infekten, Husten, chronischen Atemwegserkrankungen eingesetzt.

Hericium (Igelstachelbart)

Der Igelstachelbart oder Affenkopfpilz ist ebenso imposant wie skurril. Sein heller Fruchtkörper hat eine rundlich-ovale Form mit dichten 2 bis 3 cm langen, weichen Stacheln. Sein Geschmack erinnert an Meeresfrüchte mit leichter zitronen- und kokosähnlicher Nuance.
Wirkung: Regulation der Schleimhäute. Da er als besonders guter Schleimbildner gilt, sollte er nicht bei Infekten eingesetzt werden, die mit erhöhter Schleimproduktion einhergehen.

Shiitake

Shiitake ist ein wohlschmeckender Speisepilz, der wild wachsend nur sehr selten gefunden wird. In China wurde er schon vor mehr als 1000 Jahren kultiviert und ist damit der älteste von Menschen kultivierte Pilz.
Wirkung: Er reduziert Entzündungen und wirkt antiviral.

Agaricus (Mandelpilz)

Der Mandelpilz gehört zur Familie der Champignons. Er hat die klassische Pilzform und trägt einen hell- bis dunkelbraunen Hut. Aufgrund seines leicht mandelartigen Geruchs und Geschmacks gilt er als Gourmetpilz. Der starke Einfluss des Agaricus auf Wachstum und Rückbildung von Tumoren wurde in wissenschaftlichen Studien nachgewiesen.
Wirkung: Regulation des Immunsystems

Hericium (Igelstachelbart)

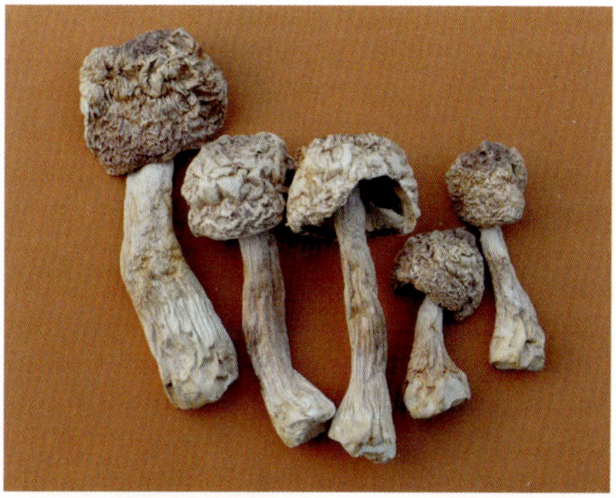

Agaricus (Mandelpilz)

Shiitake

Reishi (Glänzender Lackporling)

Reishi (Glänzender Lackporling)
Reishi wird aufgrund seiner glänzenden, wie lackiert aussehenden Oberfläche auch glänzender Lackporling genannt. Reishi zu sammeln und zuzubereiten war früher eine teure und zeitraubende Prozedur. Darum war der Pilz jahrhundertelang nur Kaisern, hohen Adligen und Priestern in China und Japan zugänglich. Reishi wird auch als Pilz des ewigen Lebens – Ling Shi – bezeichnet.

Mit seiner allumfassenden Wirkung wird Reishi gerne zur Prophylaxe und Nachsorge bei Atemwegserkrankungen eingesetzt, ebenso bei Allergien und chronischer Bronchitis sowie zur Stärkung des Herzens.
Wirkung: Er reguliert immunologische Funktionen, hemmt Histamine, löst Schleim, wirkt antiasthmatisch, schützt und entgiftet die Leber, außerdem wirkt er schmerzlindernd.

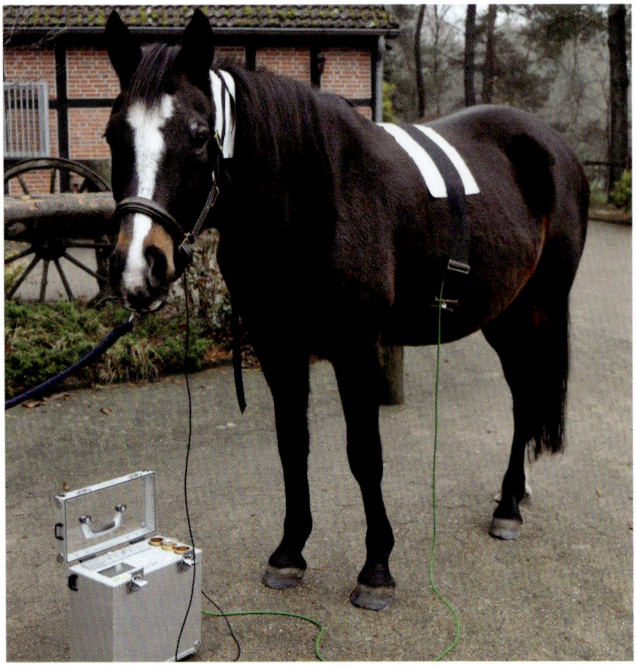

BIORESONANZTHERAPIE

Die Bioresonanztherapie wurde in den 1970-er Jahren von einem Arzt und einem Elektroingenieur als biophysikalische Diagnose- und Therapiemethode entwickelt. Franz Morell und Erich Rasche gingen von der Erkenntnis aus, dass jeder Organismus, jede Zelle und jede Substanz ein einmaliges elektromagnetisches Schwingungsmuster hat. Der Begriff Bioresonanztherapie wurde 1987 von ihrem Geschäftspartner Brüggemann geprägt und steht heute für verschiedene Methoden der Untersuchung und Behandlung und wird der. Energie- und Informationsmedizin zugeordnet. Brüggemann hat später das Unternehmen Regumed gegründet, welche das bekannte Bioresonanzgeräte BICOM herstellt.

Grundsatz der Bioresonanztherapie ist die Annahme, dass der Körper von Mensch und Tier von einem schwachen, aber messbaren elektromagnetischen Feld durchdrungen und umgeben ist und dass dieses Feld maßgeblich Einfluss auf die Steuerung der Vorgänge im Organismus hat. Bei, Stoffwechselstörungen, Infektionen, Allergien oder starken Belastungen des Organismus verändern sich diese harmonischen Schwingungen und es entstehen sogenannte Störschwingungen, die im Sinne der Bioresonanztherapie den Beginn einer Erkrankung signalisieren. Diese disharmonischen Schwingungen sind messbar und können in harmonische Schwingungen umgewandelt werden.

Bioresonanzgeräte werden von Heilpraktikern, Ärzten und Veterinären eingesetzt. Ziel ist es, krankmachende Einflüsse aufzuspüren, zu reduzieren und dadurch die körpereigenen Regulationskräfte zu fördern. Die Bioresonanztherapie gehört in das Spektrum der Komplementärmedizin. Da wissenschaftliche Belege für die Wirksamkeit der heilenden Schwingungen fehlen, gibt es außer den Therapeuten und Patienten bzw. Patientenbesitzern, die von erfolgreiche Behandlungen berichten, ebenso Skeptiker und Kritiker der Methode.

PRAXISTIPP!

Therapeuten finden

Mit dem Praxen-Finder auf www.regumed.de/therapeut-finden.html finden Sie Therapeuten, die BICOM Bioresonanz anbieten. Auskunft gibt es auch unter: Tel.: 089 - 854 61 01 oder info@regumed.de

Umkehr der Schwingungen

Morell und Rasche entwickelten ein Gerät, dass die Störschwingungen der Patienten mittels Applikatoren, die dem Patienten angelegt werden, erfassen kann. Dazu analysiert der Therapeut im ersten Schritt mit einem speziellen Testverfahren, ob Unverträglichkeiten gegenüber bestimmten Substanzen bestehen, bestimmte Organe geschwächt sind oder ob Giftstoffe Einfluss auf den Körper haben. So können in vielen Fällen Ursachen für Allergien oder Unverträglichkeiten herausgefunden werden. Die einfachste Möglichkeit wäre nun, diese Auslöser aus dem Umfeld des Patienten zu verbannen. Dies ist nur leider nicht immer möglich, wenn man zum Beispiel an Blütenpollen denkt. Da das Gerät nicht nur der Analyse dient, sondern auch der Therapie, folgt der zweite Schritt: In einem Umkopplungsvorgang werden die Schwingungen so verändert, dass diese als harmonische Eigenschwingungen bei der Behandlung wieder in den Körper zurückgeführt werden und dieser in die Lage versetzt wird, seine Selbstheilungskräfte zu aktivieren.

Das Verfahren ist für den Patienten stressfrei und völlig schmerzlos. Die Bioresonanztherapie wird vor allem bei chronischen Erkrankungen, Verdacht auf Allergien sowie Atemwegserkrankungen eingesetzt. Für viele Besitzer ist es der letzte Versuch nach einer Vielzahl erfolgloser Therapien und manche haben mit diesem Verfahren des Rätsels Lösung, sprich die Ursache für eine Erkrankung gefunden.

Die Therapie steht und fällt mit dem Therapeuten. Es gibt viele Tierheilpraktiker, die qualifiziert sind und gute Arbeit leisten, es sind aber auch schwarze Schafe unterwegs. Informieren Sie sich am besten vor einer Terminvereinbarung über die Qualifikation des Therapeuten. Skepsis ist überall dort angebracht, wo allzu vollmundig pauschale Heilversprechen gemacht werden.

FJÖDUR UND DIE SUCHE NACH DER RICHTIGEN THERAPIE

Fjödur kam mit einer Lungenvorgeschichte zu mir und ich stellte mich darauf ein. Meine Ponys leben in einem Offenstall, bekommen bedampftes Heu und angepassten Weidegang. Fjödur ging es gut, bis zu dem Jahr, als sie anfing zu husten. Meine Stute hatte einen Infekt und ich rief meine Tierheilpraktikerin. Diese hatte Erfahrung mit Lungenerkrankungen und mein anderes Hustenpferd sehr gut behandelt. Fjödur bekam Akupunktur und passende Heilkräuter, hustete seltener und ich dachte, ihr geht es besser. Da lag ich aber falsch. Der Schleim saß einfach nur fest! Weitere Behandlungen folgten, es gab Mittel, die ich ihr spritzen musste, und weiter Kräuter. Wieder trat kurzzeitig Besserung ein. Es half nichts, jetzt war der Tierarzt gefragt. Der verordnete die üblichen Schleimlöser und Bronchienerweiterer. Eine Flasche reichte nicht, die zweite folgte.

Fjödur ging es wieder eine Zeit besser. Sie wurde regelmäßig longiert, alternativ gingen wir spazieren. Es gab auch Tage, an denen bin ich nach fünf Minuten umgekehrt, da mein Pony so sehr pumpte. Der Husten war oft krampfhaft, sehr angestrengt und unproduktiv. Der Winter brachte zunächst Erleichterung, doch dann kam das entscheidende Frühjahr. Inzwischen waren seit dem Infekt zwei Jahre vergangen – ein ständiges Auf und Ab. Diverse Zusatzfuttermittel wurden ebenso ausprobiert, wie der Einsatz eines Inhalators. Nichts schien dauerhaft erfolgreich. Als Idee gab es nur noch eine Kur an der Nordsee in salzhaltiger Luft.

Dann kam der Tag, an dem mein Pony ganz elend da stand und es nur noch zwei Optionen gab: Einschläfern oder direkt zur Kur an die Nordsee. Innerhalb von drei Tagen hatte ich einen geeigneten Platz gefunden und fuhr mein Pony 470 Kilometer aus dem Westerwald Richtung Norden. Für den Transport hatte ich das Okay unseres Tierarztes, der Fjödur soweit stabilisieren konnte, dass wir sie guten Gewissens transportieren konnten. Die Betreiberin des Rehastalls arbeitete mit Bioresonanztherapie und bot eine Analyse bzw. Behandlung an – wir hatten nichts zu verlieren. Auf dem Hof war mein Pony gut untergebracht. Dazu gab es eine Solekammer und Bewegung. Ich fuhr nach Hause und hoffte auf ein Wunder.

Ein Wunder geschah nicht, aber die Bioresonanzanalyse brachte einige Allergien zu Tage. Daraufhin wurde das Futter auf eine getreidefreie Ration umgestellt. Nach drei Wochen war Fjödurs Atmung schon leichter, ich konnte sie bei meinem Besuch reiten und mein Pony hatte wieder mehr Spaß an der Bewegung. Der Tierarzt verschrieb noch einen Schleimlöser sowie ein Zusatzfutter zur Unterstützung der Leber. Das Programm mit Solekammer und Bewegung wurde fortgesetzt.
Nach einem halben Jahr sollte Fjödur wieder nach Hause, doch bei meinem letzten Besuch der Schock: ein starker allergischer Schub in der Nähe eines Getreidefeldes. Die Kur wurde verlängert. Zum Glück war ihr Zustand schon so stabil, dass sie sehr gut auf die Therapie ansprach und sich rasch erholte.
Zuhause verschlechterte sich Fjödurs Zustand allerdings wieder. Was sollte ich tun? Durch Zufall erfuhr ich von einer Tierheilpraktikerin im Nachbarort, die mit Bioresonanztherapie arbeitet. Was lag nach den positiven Erfahrungen also näher, als diese Behandlung weiter fortzusetzen und nach möglichen Auslösern der allergischen Reaktionen zu suchen? Nachdem auch hier noch einmal eine Analyse auf Umgebungsstoffe erfolgte, war der Hauptauslöser bald identifiziert: Ein Schimmelpilz im Rindenmulch hatte eine Besserung unmöglich gemacht. Also blieb nur, den Rindenmulch zu entfernen. Dann kam das Frühjahr und ich befürchtete die nächsten allergischen Schübe – der erste zeichnete sich ab, ließ sich aber mit wenigen Bioresonanzbehandlungen in den Griff bekommen. Unser Alltag sieht heute wie folgt aus: Da Fjödur Heulage besser verträgt als Heu, gibt es kein Heu mehr, weder bedampft noch nass, für das Wasser sind Filter eingesetzt. Regelmäßig wird mit isotonischer Kochsalzlösung oder 2,5%-iger Salzsole inhaliert. Dieses Jahr konnten wir auch für acht Wochen eine Bemer-Decke leihen. Das hat mein Pony genossen und sie scheint auch geholfen zu haben, den Schleim flüssig zu halten. Dennoch: Die Möglichkeit, Fjödur einschläfern zu lassen, begleitet mein Leben seit drei Jahren. Ich freue mich über jeden Tag, an dem sie Lebensfreude zeigt. Gelernt habe ich, dass kein (Husten)Pferd wie das andere ist. Was bei meinem anderen Allergiker toll funktionierte, half bei Fjödur nicht. Auch die typischen Hustenkräuter helfen ihr nicht – im schlechtesten Fall reagiert sie allergisch. Das geschieht auch bei Kräutern wie Spitzwegerich, ein typisches Kraut in Hustenmischungen.
Die Entscheidung, Fjödur zur Kur an die Nordsee zu schicken, kam im Nachhinein zu spät. Allerdings hatte ich großes Glück, einen passenden Platz zu finden, wo sich Menschen mit dem nötigen Sachverstand meinem kranken Pony gewidmet haben. Trotz der Entfernung fühlte ich mich immer gut über den Zustand meines Ponys informiert, konnte Fjödur besuchen und alle Fragen wurden umgehend beantwortet. Die beste Nachricht ist aber die, dass es Fjödur jetzt gut geht! *Petra S.*

HOMÖOPATHIE

Die Geburtsstunde der Homöopathie liegt über 200 Jahre zurück. Vater dieser Heilmethode ist Samuel Hahnemann (1755–1843), auf dessen Wirken die homöopathischen Grundsätze zurückzuführen sind.
Die Homöopathie basiert auf einer ganzheitlichen Betrachtung des Patienten. Typisch für die homöopathische Betrachtung ist ein individuelles Gesamtbild der Störungen, das der Homöopath für jeden Patienten ermittelt. Es ist die Grundlage, um eine passende Arznei auszuwählen und geht weit über die augenscheinlichen Beschwerden hinaus.
Ein Homöopath fokussiert sich nicht nur auf die offensichtlichen Symptome wie zum Beispiel Husten oder Nasenausfluss, sondern interessiert sich für so viele verschiedene Aspekte, dass der Laie sich mitunter wundert, was die vielen Fragen mit der eigentlichen Erkrankung zu tun haben. Denn Homöopathen stellen viele Fragen! Sie interessiert, welche Beschwerden vorliegen, wann diese auftreten, wodurch sich die Beschwerden verbessern respektive verschlechtern, ob der Patient Durst hat oder nicht, um nur einige Beispiele zu nennen. Die Antworten setzen sich für den Homöopathen wie Puzzleteile zu einem Gesamtbild zusammen. Danach muss er versuchen, und das ist die Kunst, aus der Vielzahl möglicher Arzneien das eine Mittel herauszusuchen, dessen Arzneimittelbild dem des Krankheitsbildes am nächsten kommt. Bei akuten Atemwegsinfektionen sind das immerhin 169 Mittel, die in Frage kommen können. Die Gesamtheit aller charakteristischen Symptome, die ein Mittel hervorbringt, nennt man Arzneimittelbild.

Das Prinzip, eine möglichst große Übereinstimmung zwischen Arzneimittelbild und Krankheitsbild zu bekommen, das Ähnlichkeitsprinzip, ist ein elementarer Grundsatz der Homöopathie. Das Ähnlichkeitsprinzip beruht auf der Beobachtung Hahnemanns, dass Substanzen in einem gesunden Organismus jene Symptome auslösen, die man bei einer Erkrankung beobachtet. Zwei Beispiele: 1. Homöopathika aus Zwiebeln werden bei Schnupfen eingenommen, wenn dieser mit tränenden Augen und laufender Nase einhergeht. 2. Homöopathisch aufbereitet wird das Gift der Honigbiene zur Behandlung von Insektenstichen eingesetzt.

WAS IST EIN REPERTORIUM?

Symptome und Arzneitmittelbilder sind in umfangreichen Büchern zusammengetragen. So ein Werk nennt man Repertorium.
Der Abgleich von Krankheitsbild und Arzneimittelbild wird als Repertorisation bezeichnet.

Potenzierung

Homöopathie polarisiert. Gerade die Tatsache, dass homöopathische Arzneimittel im feinstofflichen Bereich arbeiten, lässt Kritiker an der Wirksamkeit zweifeln. Wer nach dem Prinzip »je mehr desto besser« agiert, muss umdenken. In der Homöopathie werden Ausgangssubstanzen schrittweise verrieben und verschüttelt (Potenzierung). Hahnemann stellte fest, dass die Mittel dennoch wirksam waren. Die Wirksamkeit stieg sogar mit dem Grad der Potenzierung.

Klassische Homöopathen wählen die Potenz, die sie verabreichen, individuell aus und legen sich nicht auf ein bestimmtes Niveau fest. Dennoch gibt es einige Richtlinien, an denen man sich orientieren kann:

- In der klassischen Homöopathie werden überwiegend C-Potenzen eingesetzt.
- Die Wirkung höherer Potenzen ist intensiver und präziser.
- Vitale, kräftige Patienten vertragen hohe Potenzen in der Regel sehr gut.

Bei geschwächten, zarten Organismen muss man eher vorsichtig sein und zunächst mit einer niedrigen Potenz beginnen. Potenzhöhe und die Frequenz der Gaben müssen angemessen zu der zu behandelnden Erkrankung sein.

Leitsätze

Hahnemann formulierte einige Leitsätze, die bis heute Gültigkeit haben:

1. Immer nur ein Mittel verwenden! Diese Maxime beruht auf seiner Ansicht, dass beim Einsatz mehrerer Mittel gar nicht festzustellen ist, welches letztendlich zur Heilung geführt hat. Zudem können sich homöopathische Mittel in ihrer Wirksamkeit gegenseitig beeinflussen.
2. Das Mittel absetzen, sobald sich eine deutliche Besserung zeigt oder so viel wie nötig, so wenig wie möglich. Durch die homöopatische Behandlung sollen die Selbstheilungskräfte aktiviert werden. Eine Besserung der Beschwerden zeigt an, dass dieser Prozess in Gang gesetzt wurde. Erst bei erneutem Auftreten von Beschwerden wäre eine weitere Arzneimittelgabe angezeigt.

PRAXISTIPP!

Notfallapotheke

Im Handel gibt es praktische Taschenapotheken, die Sie individuell mit Globuli befüllen können. So haben Sie die wichtigsten homöopathischen Mittel immer griffbereit.

Erstverschlimmerung

Wer bereits Erfahrungen mit Homöopatie hat, wird auch von der Erstverschlimmerung gehört haben. Anders als der Begriff zunächst vermuten lässt, ist dies ein gutes Zeichen. Für den Homöopathen ist eine Verschlimmerung der Beschwerden nach Verabreichen der Arznei eine Bestätigung, dass er das passende Mittel gewählt hat.
Es gibt aber auch Homöopathen, die eine andere Ansicht vertreten und der Meinung sind, dass eine Erstverschlimmerung anzeige, dass die Potenz falsch, das heißt zu hoch gewählt wurde. In solch einem Fall sollte das Mittel einen Tag ausgesetzt und dann mit einer stärker verdünnten Gabe fortgesetzt werden. Hält die Erstverschlimmerung allerdings über Tage an und der Zustand des Patienten verschlechtert sich, spricht dies dafür, dass ein falsches Mittel gewählt wurde.

Anamnese

Die Grundlage einer erfolgreichen homöopathischen Behandlung wird mit der Anamnese gelegt. Hierbei wird die Vorgeschichte des Patienten und seiner Beschwerden erfasst und auch die akute Symptomatik.
Die unvoreingenommene, möglichst objektive Einschätzung ist wichtig, damit der Abgleich mit den Arzneimittelbildern auf die richtige Spur führt.

Akute Atemwegserkrankungen

Zur Behandlung akuter Atemwegsinfekte stehen vor allem zwei homöopathische Mittel im Vordergrund:

1. Aconitum napellus (Blauer Eisenhut)
2. Belladonna (Tollkirsche)

Typisch für beide Mittel ist das plötzliche Auftreten der Krankheitssymptome. Die Pferde haben Fieber, und machen einen schlappen Eindruck.
Pferde, zu denen Aconitum passt, haben Durst und trinken in langen Zügen große Mengen. Diese Pferde frösteln und stellen die Haare auf. Typisches Merkmal für Aconitum: Die Pferde fühlen sich trocken und heiß, schwitzen aber nicht.
Das Schwitzen dagegen ist ein typisches Merkmal für Pferde, zu denen Belladonna passt. Beide Mittel sollten in der Stallapotheke vorrätig sein, damit Sie bei einem plötzlichen Krankheitsausbruch schon handeln können, während Sie auf den Tierarzt warten. Verabreichen Sie im akuten Fall alle 20 Minuten alle eine Gabe der passenden Arznei. Eine Gabe heißt, 1–3 Globuli in etwa 200 ml Wasser auflösen und daraus 1 ml ins Maul des Pferdes geben.

Aconitum (Aconitum napellus)
Blauer Eisenhut

Belladonna (Atropa belladonna)
Tollkirsche

ACONITUM

Eisenhut gilt als Europas giftigste Pflanze – 3 mg sind für ein Pferd tödlich!
Der botanische Name Aconitum lässt sich aus dem Lateinischen acon (Pfeil) ableiten. Das Gift der Pflanze wurde früher zum Jagen benutzt. Hahnemann prüfte dieses Mittel 1805 und verwendete Aconitum bei plötzlich auftretenden starken Schmerzen. Es gilt auch als erstes Fiebermittel.

Typisch ist:
- Plötzlicher und heftiger Ausbruch des Infekts
- Plötzliches hohes Fieber
- Plötzlicher heftiger Husten
- Patient unruhig und ängstlich
- Körper heiß, aber meist trocken

Ein typisches Szenario ist zum Beispiel ein Infekt nach Kälteeinbruch oder wenn das Pferd geschwitzt im eisigen Wind stand oder in kalter Zugluft.

BELLADONNA

Die Tollkirsche wächst in europäischen Waldgebieten und soll im Mittelalter Hexen als Zaubermittel gedient haben. Für die Herstellung der homöopathischen Urtinktur werden Blätter und Blüten fein gehackt und zu einem Brei vermischt. Das Mittel hat auf den ersten Blick große Ähnlichkeit mit Aconitum, weil die Beschwerden ebenfalls sehr plötzlich und heftig auftreten. Es gibt aber markante Unterschiede.

Typisch ist:
- Plötzliches hohes Fieber
- Plötzlicher heftiger Husten
- Keine Angst und Unruhe
- Körper heiß und schwitzig
- Harter, pochender Puls

Die Beschwerden bessern sich bei frischer Luft. Auch diese Pferde haben Durst, trinken aber häufig und immer nur kleine Mengen.

Homöopathen fragen: »Bessern sich Beschwerden bei Kälte oder verschlechtern sich diese?«

Chronische Bronchitis

Wird ein akuter Infekt nicht sorgfältig diagnostiziert und konsequent therapiert, kann sich daraus relativ schnell eine chronische Bronchitis entwickeln. Oft verschwinden die Beschwerden zunächst, treten aber nach einer symptomfreien Phase wieder auf. Typisch ist zum Beispiel die Situation, dass ein Pferd während der Sommermonate keine Symptome zeigt, aber zu Beginn des Winters wieder hustet, unter Umständen einhergehend mit Schleimauswurf und erschwerter Atmung.

Pferdebesitzer sind vor allem dann verwundert, wenn sie die Haltungsbedingungen verbessert haben, ihr Pferd zum Beispiel im Offenstall lebt mit viel frische Luft und Bewegung und zudem kein trockenes Heu gefüttert wird. Das Immunsystem der Pferde ist aber unter Umständen nicht widerstandsfähig genug, um sie im Winter, oder im Fellwechsel wenn der Organismus stark gefordert wird, gesund zu erhalten. Außerdem kann eine chronische Bronchitis durchaus phasenweise ohne das Symptom Husten bestehen. Dass die Pferde nicht gesund sind, kann sich durch Müdigkeit, Leistungsabfall, stumpfes Fell und Rittigkeitsprobleme äußern – Festhalten im Rücken ist ein möglicher Hinweis. Eine Bronchoskopie und die Bestimmung der Blutgaswerte geben Aufschluss darüber, ob das Pferd Lungenprobleme hat. Danach richtet sich die Therapie. Abhängig von der tierärztlichen Diagnose und den Modalitäten wird der Homöopath ergänzend oder alleinig eine Arznei mit passendem Arzneimittelbild auswählen.

Genaue Beobachtung

Die Symptome, Umstände und Bedingungen einer Erkrankung müssen so neutral und genau wie möglich beobachtet werden, um das richtige Mittel zu finden. Dabei geht es immer um die individuelle Ausprägung der Erkrankung. Wie schwierig dies für den Laien sein kann, zeigt ein Beispiel: Leander ist ein 4-jähriger gemütlicher Tinkerwallach, der eine akute Bronchitis gut überstanden hat. Doch als er wieder geritten werden konnte, hustete er – besonders beim Reiten bzw. schon wenn er aus dem Stall geführt wurde.

Die Besitzerin hatte die Vermutung, dass Leander nicht geritten werden wollte und ihr Pferd ein psychisches Problem habe. Sie verabreichte daher eine Bach-Blütenmischung, die aber wirkungslos war. Daraufhin verabreichte sie Leander Aconitum und Belladonna. Auch diese brachten keinen Erfolg und waren schlicht die falsche Wahl. Auf den Hinweis der Homöopathin, sie müsse ihr Pferd noch genauer beobachten, reagierte die Besitzerin leicht gereizt, zunehmend sicher, dass ihr Pferd simuliert. Bei genauer Beobachtung fiel ihr aber auf, dass Leander immer dann hustete, wenn er aus dem warmen Stall in die Kälte geführt wurde und wenn sie ihn durchs Genick stellen wollte. Das Mittel der Wahl für Leander war Hepar Sulfuris (Kalkschwefelleber). Die Modalitäten:

- Kälte löst sofort Hustenreiz aus
- Husten nach Aufnahme von kaltem Wasser
- Pferd versucht beim Husten Zügel aus der Hand zu ziehen
- Vermehrtes Schwitzen

Leander erhielt das Mittel über drei Wochen und wurde zunächst eine Woche am langen Zügel ins Gelände geritten. Der Hustenreiz verschwand unter der Behandlung.

Anwendung und Dosierung

Eine homöopathische Behandlung kann im akuten Krankheitsfall ebenso eingesetzt werden wie bei chronischen Erkrankungen. In manchen Fällen sind homöopathische Arzneien ausreichend, sie können aber auch begleitend zur schulmedizinischen Behandlung verabreicht werden. Der Erfolg hängt immer von der Reaktionsfähigkeit des Organismus sowie von der Verabreichung der richtigen Arznei in angemessener Dosierung ab. Grundsätzlich gilt auch hier der Grundsatz Hahnemanns: So viel wie nötig und so wenig wie möglich!

Für die Herstellung homöopathischer Arzneien werden Substanzen pflanzlicher, tierischer und mineralischer Herkunft verwendet.

WAS MACHT DIE ATEMWEGE KRANK?

Ursachenforschung

Es ist so wichtig wie die Therapie an sich, den Grund einer Erkrankung zu erkennen. Zu jeder Behandlung gehört daher auch gründliche Ursachenforschung, um das Übel bei der Wurzel zu packen. Manchmal sind die krankmachenden Faktoren offensichtlich, in anderen Fällen sind detektivischer Spürsinn und Intuition gefragt.

Akute Atemwegsinfektionen werden meist von Viren verursacht. Betroffen sind vor allem Jungtiere, alte Pferde und Patienten mit schlechtem Immunsystem. Die Ursache für die meisten Atemwegserkrankungen erwachsener Pferde ist jedoch die dauerhafte oder wiederholte Inhalation von Feinstaub! In einer Umfrage von Dr. Beatrice Lehmann, Freie Universität Berlin, wurde der Kontakt zu trockenem Heu in über der Hälfte der Fälle als Auslöser für die Verschlechterung einer chronisch obstruktiven Bronchitis (COB) ermittelt.
Stallbetreiber und Pferdebesitzer müssen die Haltungsbedingungen ihrer Pferde immer wieder auf den Prüfstand stellen. Denn die dauerhafte oder wiederholte Belastung der Atemwege führt über kurz oder lang zu ernsthaften Problemen. Auch wenn nur einige Pferde im Bestand husten, bedeutet das nicht, dass die anderen Pferde nicht betroffen sind. Früher oder später werden auch diese Pferde Befunde aufweisen, wenn die Haltungsbedingungen dementsprechend belastend sind.
Bei der Suche nach einer geeigneten Unterbringung müssen Pferdebesitzer meistens Kompromisse machen. Die Haltung des Pferdes muss alltagstauglich sein, das Pferd erreichbar, die Gegebenheiten vor Ort auch zur eigenen Lebenssituation passen.
Mehr als auf das Haltungssystem sollte bei der Wahl das Management berücksichtigt werden. Ein Beispiel: Die kleine Box in einem staubigen Stall ist ebenso kontraproduktiv wie ein Offenstall oder Aktiv-Laufstall, der Pferden zwar viel frische Luft bietet, ihr Immunsystem aber durch häufigen Wechsel im Tierbestand, Hygienemängel und hohen Infektionsdruck belastet. Ebenso ist ein Offenstall kein Vorteil, wenn an den Futterplätzen staubiges oder sogar verschimmeltes Heu angeboten wird.

Lassen sich die Faktoren, die zur Erkrankung geführt haben, eliminieren oder zumindest lindern und effektive Therapiemaßnahmen durchführen, können Rückfälle und erneute Erkrankungen häufig reduziert oder sogar vermieden werden. Sonst, und auch das ist traurige Realität, führen Atemwegserkrankungen oft in eine Sackgasse und zu irreversiblen Lungenschäden. Dieses Szenario soll keine Angst machen, es soll vielmehr motivieren, sich intensiv mit krankmachenden Faktoren auseinanderzusetzen, um die Haltungsbedingungen bestmöglich zu gestalten.

Erschreckende Zahlen!

80–90 % der Atemwegserkrankungen erwachsener Pferde entstehen auf Grund von Feinstaubbelastungen.
Auf die restlichen 10–20 % entfallen die bekannten Infektionskrankheiten.

Dr. med. vet. Ulrich Mengeler

Die Haltungsbedingungen haben maßgeblich Einfluss auf Gesundheit und Wohlbefinden der Pferde und müssen bei Gesundheitsproblemen kritisch hinterfragt und angepasst werden.

> **PRAXISTIPP!**
>
> **Fiebermessen**
>
> Die Temperatur sollte vor dem Füttern bzw. vor dem Training gemessen werden, da diese nach der Futteraufnahme oder nach Belastung um einige Grade ansteigt.

Erkrankung besteht die Gefahr, dass Folgeerkrankungen auftreten. Die Pferde bekommen unter Umständen einen Herzklappenfehler oder sogenannten Ton, das heißt, sie werden Kehlkopfpfeifer.

Schutz vor Viren

Der beste Schutz vor Viren ist ein starkes Immunsystem sowie ein sinnvolles Impfmanagement, das mit dem Tierarzt abgestimmt wird. Für Turnierpferde besteht ohnehin die bekannte Impfpflicht gegen Influenza und Herpes. Manche Viren verändern allerdings ihr äußeres Erscheinen sehr schnell. Das erschwert die Entwicklung wirksamer Impfstoffe und so kann es trotz Impfungen zu Krankheitsfällen kommen.

In jedem Fall müssen erkrankte Tiere von gesunden isoliert werden, denn Viren verbreiten sich in der Regel durch Tröpfcheninfektion von einem Individuum zum nächsten.

Bakterielle Infektionen

Bakterien sind nicht per se gefährlich. Meistens sind sie unschädlich für Mensch und Tier und spielen bei verschiedenen Prozessen eine wichtige Rolle, so zum Beispiel bei der Verdauung. Doch es gibt auch Bakterienarten, die zu ernsthaften Erkrankungen führen.

Zu den bakteriellen Atemwegserkrankungen gehört zum Beispiel die hochansteckende Druse, ausgelöst durch das Bakterium Streptococcus equi. Dieses Bakterium verursacht ein Krankheitsbild beim Pferd, ähnlich wie Ziegenpeter beim Menschen.

Darüber hinaus können Bakterien die beschriebenen Sekundärinfektionen verursachen. Diese treten auf, wenn Bakterien den während der Viruserkrankung gebildeten Schleim besiedeln, der einen idealen Nährboden darstellt. Bei Erkrankungen der Luftsäcke handelt es sich zum Beispiel meistens um solche Sekundärinfektionen.

Influenza, die Pferdegrippe, ist sehr ansteckend.

SCHWACHES IMMUNSYSTEM

Einfluss des Alters auf die Immunabwehr

Prof. Dr. Dr. med. vet. habil. Peter Thein

Der Einfluss des Alters von Pferden auf ablaufende Immunreaktionen gegenüber natürlich vorkommenden viralen und bakteriellen Infektionen sowie Schutzimpfungen steht in engem Zusammenhang mit den Alterungsprozessen von Teilen des Immunsystems.

Nachdem unterschiedliche Infektionswege verschiedener Mikroorganismen und deren Struktur und Pathogenese differente Teile des Abwehrsystems zum Aufbau einer belastbaren Immunität benötigen und stimulieren, ist der Grad gealterter Immunreaktionen auch abhängig vom betroffenen Anteil des Immunsystems. Gleiches gilt für die Reaktion auf Schutzimpfungen bezüglich der Bauweise und Zusammensetzung der jeweiligen Impfstoffe und deren darin enthaltener Antigenanteile. Betroffen davon können sowohl die Primär- wie die Sekundärreaktion (immunologisches Gedächtnis) nach Infektion und/oder Impfung sein. Einschränkend dazu muss angeführt werden, dass sich die meisten zu diesem Problem beim Pferd vorliegenden Untersuchungen auf Impfstoffe und deren Erreger/Antigen beschränken, deren postvakzinale (nach einer Impfung) Wirkung auf der Bildung B-Zell abhängiger Antikörper – wie z.B. Pferdeinfluenza – beruhen. Der Grund dafür ist die leichtere Vergleichbarkeit der auf die Impfung folgenden Immunantwort junger versus alter Pferde mittels serologischer Tests. Die Untersuchung einer Gewebe/Schleimhaut assoziierten Immunreaktion gestaltet sich dem gegenüber vergleichsweise schwieriger oder ist labortechnisch nicht möglich.

Aus postvakzinal am alten Pferd vorgenommenen Antikörperuntersuchungen den Schluss zu ziehen, alle alten Pferde seien immunologisch schlechter geschützt, wäre wissenschaftlich unkorrekt. Derartige Untersuchungen reflektieren lediglich die serologisch messbaren Reaktionen

Für alte Pferde besonders wichtig: Die Optimierung von Haltung, Nutzung und Fütterung.

werden wie jüngere Pferde. Das gleiche gilt für die Diagnose und Präventive von Ekto- und Endoparasiten, da deren Präsenz im alten Pferd dessen gealterte Kapazität des körpereigenen Abwehrsystems weiterhin reduziert.

In diesem Zusammenhang kommt der konsequent durchgeführten Betriebs-, Zucht- und Haltungshygiene, Hand in Hand mit der Bekämpfung von Schadnagern, mit dem Ziel der Keimmengenverminderung im Bestand, große Bedeutung zu. Dadurch wird das Expositionspotential ebenso reduziert wie das Reservoir für viele unterschiedlich pathogene Mikroorganismen. Aus der Vielzahl der Risikofaktoren, die ursächlich für bestimmte Krankheiten sein können, ist es epidemiologisch schwer bis unmöglich, den alleinigen Faktor wissenschaftlich einwandfrei und präzise herauszuarbeiten. Wie dargestellt, birgt der Risikofaktor »Alter« in sich eine Vielzahl von Stoffwechselvorgängen und -veränderungen, die nicht isoliert betrachtet und gewertet werden sollten. Dem zufolge können sie auch nicht einzeln für das Auftreten bestimmter Krankheiten oder deren gehäuftes Auftreten ab einem bestimmten Alter verantwortlich gemacht werden. Es bleiben also bei allen bekannten Risikofaktoren noch immer einige unbekannte, unerforschte und/oder nicht erforschbare übrig.
(aus: Alte Pferde; Heüveldop, Hackbarth, Stuttgart 2015)

Konsequent durchgeführte Betriebs-, Zucht- und Haltungshygiene hat das Ziel, Keimmengen im Bestand zu reduzieren – das bedeutet auch eine Entlastung für das Immunsystem der Pferde.

ALLERGIEN

Bei manchen Pferden entsteht die Vermutung, dass Beschwerden durch allergische Reaktionen verursacht werden. Dieser Verdacht entsteht, wenn:

- Symptome zu bestimmten Jahreszeiten wiederkehren
- Symptome bestimmten Orten zuzuordnen sind (z.B. der Weide, einem bestimmten Feld, der Reithalle, Heu und/oder Stroh)
- Atemnot anfallartig auftritt

Wichtiges Kennzeichen allergischer Reaktionen: Bereits kleinste Mengen eines Allergens reichen, um eine Reaktion auszulösen.

Wie entstehen Allergien?

Allergien sind im Rahmen bestimmter Immunvorgänge erworbene Überempfindlichkeiten. Jucken, Kribbeln, Schnäuzen, Schniefen – auf eigentlich harmlose Substanzen reagiert der Organismus mit leichten, heftigen, bisweilen sogar lebensbedrohlichen Symptomen. Im schlimmsten Fall kommt es zu einem allergischen Schock.

Allergien äußern sich auf verschiedene Weise. Bezogen auf die Atemwege stehen vor allem Pollen von Bäumen oder Gräsern, Milbenkot und Schimmelpilzsporen unter Verdacht.

Auslöser für eine Überreaktion des körpereigenen Abwehrsystems können harmlose Allergene wie Blüten- oder Gräserpollen sein.

DI SANTO UND DIE ALLERGIE

Di Santo ist ein fünfjähriger Palominowallach, den wir im Jahr 2017 von einem gewerblichen Verkäufer gekauft haben.
Aufgrund seines Alters und der von ihm durchlaufenen Vorbereitungen und Vorstellung zur Körung haben wir ihn zunächst nicht intensiv gefördert.
Mit seiner bisherigen Ausbildung waren wir zufrieden und insgesamt schien er gesund und munter. Allerdings hatte er von Anfang an Schwierigkeiten mit Würmern. Wir mussten mehrere Wurmkuren geben und stellten dennoch immer wieder Wurmbefall fest. Daraufhin haben wir noch Paddock und Stall gekalkt, misten sorgfältig und äppeln auch Weide und Paddock regelmäßig ab. Dennoch scheint Di Santo anfällig für erneuten Wurmbefall zu bleiben oder wir haben noch nicht die richtige Wurmkur gefunden.
2017 hatte unser Pferd einen schweren Atemwegsinfekt mit Fieber, der tierärztlich behandelt wurde und mit der notwendigen Ruhe auch ausgeheilt schien. Im Nachhinein führe ich die Erkrankung auf sein geschwächtes Immunsystem zurück. Körungsvorbereitungen, Körung, Stallwechsel – das waren ja alles Dinge, mit denen er sich und vor allem auch sein Immunsystem auseinandersetzen musste.
Beim Reiten fiel auf, dass unser junges Pony nach nur wenigen Runden pumpte und eine hohe Atemfrequenz hatte. Es gab jedoch immer wieder Tage, wo seine Atmung zu seinem Alter und seiner Kondition passte. Das machte uns die Einschätzung anfangs nicht leicht. Di Santo wurde in dieser Zeit nur leicht bewegt. Das Pony gehört meiner 10-jährigen Tochter Klara. Sie reitet es 1–2 Mal pro Woche. Nachdem auch unsere Reitbeteiligung, die ebenfalls 1–2 Mal pro Woche reitet, mehrfach das Pumpen ansprach, prüfte ich die Kondition unseres Ponys und kam ebenfalls zu dem Ergebnis, dass hier etwas nicht in Ordnung ist.
Im Juli 2018 haben wir dann einen Allergietest machen lassen, der jedoch zu unserem Erstaunen negativ ausfiel. Unser Tierarzt empfahl uns, den Allergietest in etwa drei Monaten zu wiederholen, da es sein könne, dass Di Santo zwar Allergien hat, diese jedoch noch nicht klinisch festgestellt werden könnten.

Drei Monate später wurden dann Allergien festgestellt: Gräsermix, Raps, Sauerampfer sowie Hausstaubmilben (Dermato. farinae) und Modermilbe (Tyrophagus putrescentiae). Unsere Tierärztin hat uns zu einer Desensibilisierung geraten.
Wir haben außerdem die Haltungsbedingungen nochmal überprüft. Er lebt bei uns in Offenstallhaltung, nur bei Temperaturen unter 5° C wird der Stall nachts geschlossen. Das Heu wird gewässert. Die Beschwerden waren vor allem im Sommer stark, der 2018 besonders trocken und staubig war. Nach dem ersten Regen ging es unserem Pony zwar besser, zum Konditionsaufbau reichte es jedoch nicht.
Mittlerweile haben wir mit der Desensibilisierung begonnen. Dazu haben wir einen Therapieplan bekommen, der genau auf unser Pony abgestimmt ist. Die Injektionen können wir selbst unter die Haut spritzen. Das funktioniert erfreulich unkompliziert – Di Santo scheint es nicht einmal zu bemerken, sodass Klara ihr Pony sogar selbst unter Aufsicht spritzen kann. Eine Verbesserung können wir nach den ersten fünf Injektionen noch nicht feststellen, angeblich tritt diese auch erst nach etwa zehn Wochen ein, Di Santo verträgt das Medikament aber gut.
Um ihn noch weiter zu unterstützen, haben wir mit ihm eine Solebox besucht. Der Aufenthalt im Solenebel war scheinbar sehr entspannend und wohltuend für ihn.
Wir hoffen, dass die Maßnahmen zum Erfolg führen und sich Di Santos Zustand so bessert, dass wir ihn seinem Alter entsprechend weiter ausbilden und fördern können.

Petra P.

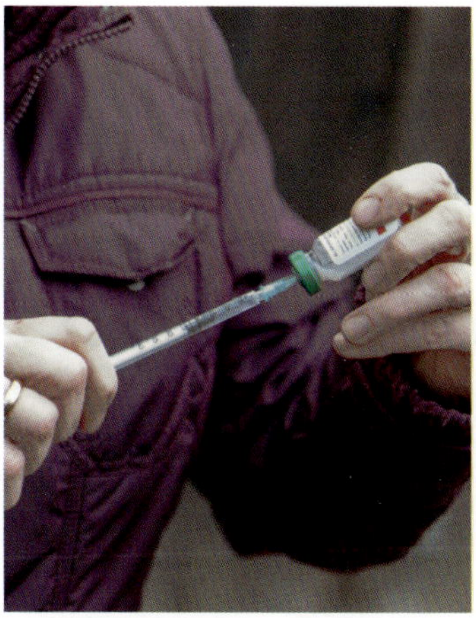

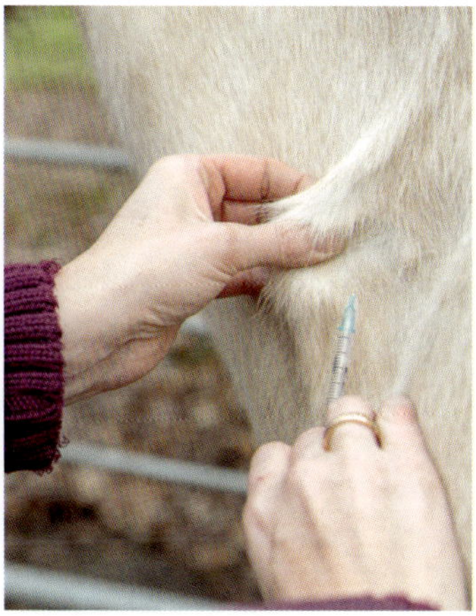

Das Spritzen ist inzwischen zur Routine geworden.

HALTUNGSBEDINGTE URSACHEN

Ursache für den weitaus größten Teil der chronischen immer wiederkehrenden Atemwegsprobleme ist die dauerhafte Inhalation von Feinstaub. Dazu gehören vor allem Schimmelpilzsporen aus Heu und Stroh, auf die Pferde sehr empfindlich reagieren. Je länger die Belastungen bestehen, desto weniger lassen sich die Mechanismen, die zu Überempfindlichkeiten führen, beeinflussen. Atemwegserkrankungen erwachsener Pferde entstehen also überwiegend auf Grund dieser Staubbelastungen. Doch Zahlen einer Untersuchung an der Justus-Liebig-Universität Gießen belegen, dass durchschnittlich ca. 75 % der Tierhalter nicht bereit sind, während oder nach der Therapie die Haltung ihrer erkrankten Pferde zu ändern. (Arndt, Swantje, Diss. 2001). Doch Staubreduzierung ist das A und O in der Haltung.

Feinstaubbelastung

Nun wird in jedem Stall mehr oder weniger viel Staub aufgewirbelt – beim Einstreuen der Boxen, beim Putzen der Pferde oder beim Fegen der Stallgasse. Auch auf der Weide in einem trockenen Sommer, in der Reithalle oder auf dem Reitplatz sind Pferde mehr oder weniger großen Staubmengen ausgesetzt.

Dabei ist der rein anorganische Staub auf dem Reitplatz meist relativ unbedenklich, da die einzelnen Staubteilchen so groß sind, dass sie nicht weit in die Atemwege vordringen, sondern von dem Flimmerepithel abtransportiert werden können.

Problematisch wird auch dieser Staub für Pferde, deren Lunge bereits geschädigt ist, so dass sie bereits auf relativ große Staubpartikel mit verengten Bronchien reagieren (Bronchospasmus).

Stallstaub beinhaltet mehr als 50 Arten von Sporen, Milben und bakteriellen Endotoxinen.

Lagerung: Die Keimzahl und damit der Feinstaubgehalt steigt im Laufe der Monate massiv an.

PRAXISTIPP!

Heuprobe

Die Heuqualität lässt sich durch Untersuchung einer Futterprobe ermitteln: Preiswerte Untersuchungsmöglichkeiten bieten die Landwirtschaftlichen Untersuchungs- und Forschungsanstalten (LUFA) der Länder.

Pferden machen vor allem Pilzsporen in Einstreu und Futtermitteln zu schaffen, weil diese so klein sind, dass sie bis in die Lunge vordringen können. Schimmelpilze, die solche Sporen bilden, treten bei hygienisch bedenklichen, also schimmeligen oder verunreinigten Futtermitteln auf und können sich bei hoher Luftfeuchtigkeit in einem Stall mit unhygienischer Matratzenstreu ungehemmt vermehren – Schimmelpilze lieben feucht-warmes-Milieu.

Zwar führt nicht jede Belastung mit Keimen zwangsläufig zu einer Erkrankung, doch je höher der Keimgehalt einzelner Futtermittel ist und je länger diese eingesetzt werden, desto größer wird das Risiko.

Bei ungünstiger Witterung kann bereits das Ausgangsmaterial durch Pilze und deren Toxine belastet sein. Doch häufig verderben ursprünglich hochwertige Futtermittel aufgrund unsachgemäßer, sprich feuchter oder zu langer und schmutziger Lagerung. Eine Verpilzung ursprünglich einwandfreiem Ausgangsmaterials erfolgt oft erst im Nachhinein.

Auch Verunreinigungen durch Nagerkot und -urin stellen ernsthafte Probleme dar. Stoffwechselstörungen mit Leber- und Nierenschäden, wie beispielsweise Leptospirose, sind mögliche Folgen.

Die Keimzahl in Heu und Stroh und damit die Feinstaubbelastung für die Pferde steigt allerdings generell im Laufe der Monate massiv an.

Schimmelpilzsporen sind eine häufige Ursache chronischer Atemwegserkrankungen.

Fütterung

Weitere Gefahren für die empfindlichen Atemwege lauern bei der Fütterung. Bei der Futteraufnahme haben die Nüstern dichten Kontakt zum Futter, sodass Stäube direkt inhaliert werden. Diese Wirkung wird durch die Eigenart verstärkt, dass Pferde ihr Futter zunächst durchsuchen, also mit der Nasenpartie hin und her bewegen und abtasten. Dadurch werden mögliche Verunreinigungen aufgewirbelt und notgedrungen eingeatmet.

Die hygienische Beschaffenheit einzelner Futtermittel ist für deren Verträglichkeit mit verantwortlich. Doch es kommt auch auf das Fütterungsmanagement an. Bleiben Reste an oder unter dem Rand des Futtertroges haften, das betrifft vor allem Mash oder eingeweichte Futtermittel, verderben diese und bieten Keimen idealen Nährboden. Dadurch kommt es ebenfalls zur Vermehrung von Schimmelpilzen und anderen Krankheitserregern. Diese können zum Beispiel an einer Entzündung der Maulschleimhaut beteiligt sein oder zu einer gefürchteten Luftsackmykose führen.

Gefürchtet ist die Luftsackmykose, weil diese schwierig zu behandeln ist. Es besteht zudem die Gefahr, dass auch eine Arterie (Arteria carotis interna) angegriffen wird und diese platzt. Das Pferd verblutet dann. Dies alles klingt sehr bedrohlich und verdeutlicht, welche Bedeutung Hygiene für die Gesundheit der Pferde hat.

Stallklima

Durch schlechtes Klima im Stall kann sich schleichend eine chronische Atemwegserkrankung entwickeln. Kriterien für die Qualität des Stallklimas sind:

- Luftfeuchtigkeit
- Temperatur
- Luftaustausch
- Keimbelastung
- Schadgasbelastung

Hohe Luftfeuchtigkeit fördert Schimmelbildung und ist meist Folge unzureichender Lüftung. Schlechte Stalllüftung beziehungsweise hohe Luftfeuchtigkeit wird im Extremfall sogar als Kondenswasser sichtbar. Die relative Luftfeuchtigkeit im Pferdestall sollte zwischen 60 und 80 % liegen. Wenn von Wänden und Fenstern Wasser rinnt, sind diese 80 % weit überschritten. Die wirklich gefährlichen Mikroorganismen überleben in besonders feuchter

Belastungen von Futtermitteln

Verunreinigungen
- Spreu in ungereingtem Hafer
- Erde/Sand an Rüben, Möhren, Heu/Stroh
- Nagerkot in offen gelagerten Futtermitteln

Vorratsschädlinge
- Käfer/Motten in Getreide und Mischfutter
- Milben in Getreide, Kraft- und Raufutter

Pilze/Hefen
- Feldpilze an Grünfutter, Getreide
- Lagerpilze an Kraft- und Raufutter
- Hefen in Silagen und anderen Futtermitteln

Bakterien
- Epiphyten in frisch geerntetem Getreide
- Verderbniserreger auf allen Futtermitteln bei unsachgemäßer Lagerung

Mikrobiell gebildete Substanzen
- von Feld- bzw. Lagerpilzen gebildete Toxine (Mykotoxine)
- von Bakterien stammende Endo- und Exotoxine

KAMPHUES, JOSEF: 9. FFP TAGUNG ZUR PFERDEGESUNDHEIT, BONN 1997

oder besonders trockener Stallluft und sterben am ehesten bei 70 % relativer Lufteuchte. Daher lohnt es sich, die Luftfeuchtigkeit regelmäßig zu kontrollieren. Feucht-warm ist eine denkbar ungünstige Kombination, wenn es um gesunde Stallluft geht.

Betritt man eine Stallgasse und bemerkt einen strengen Geruch oder Reizungen der Augen, liegt das wahrscheinlich an der Ammoniakbelastung (NH_3). Ammoniak ist ein Zellgift, das die Schleimhäute angreift. Es entsteht bei der Verstoffwechselung von Eiweiß und steht daher mit dem Eiweißgehalt der Futtermittel in Verbindung. Hoher Ammonikgehalt in der Stallluft ist ein Indiz dafür, dass nicht sorgfältig gemistet wird.

Parasiten

Endoparasiten, allgemein als Würmer bezeichnet, leben auf Kosten ihrer Wirte. Sie können Löcher in Schleimhäute bohren, den Darm verstopfen und dem Pferd wichtige Nährstoffe entziehen.

In vielen Ställen wird routinemäßig nach einem festen Zeitplan entwurmt. Diese Praktik stammt aus den 1960-er Jahren, damals effektiv eingesetzt gegen die gefährlichen Großen Strongyliden. Obwohl sich das Aufkommen von Endoparasiten verändert hat – seit Anfang der 1980-er Jahre werden zunehmend die Kleinen Strongyliden (Cyathostominae) zum Problem – ist dieses Schema nach wie vor gängige Praxis.

PRAXISTIPP!

Selektive + zeitgemäße Entwurmung

Eine Übersicht mit Tierärzten und Kliniken, welche die regelbasierte Zeitgemäße (+Selektive) Entwurmung anbieten, finden Sie im Internet: www.selektive-entwurmung.com

Dabei wird kaum berücksichtigt, dass Resistenzen gegen einige gebräuchliche Präparate auftreten und viele Pferde grundlos entwurmt werden – eine unnötige Belastung auch für Umwelt und Böden. Parasitologen fordern daher ein Umdenken und bieten mit der Zeitgemäßen (+Selektiven) Entwurmung eine Alternative. 2017 wurden alle Regeln der Zeitgemäßen (+Selektiven) Entwurmung in einem klar definierten und bindenden Regelwerk (AG.ZE 2017) verankert. Entwurmt werden danach nur noch Pferde, bei denen ein definierter Schwellenwert, der in Eiern pro Gramm Kot gemessen wird, überschritten ist. Vereinfacht gesagt: Keine Entwurmung ohne Diagnose! Und keine Entwurmung ohne Kontrolle!

Die Pferdelunge muss regelmäßig trainiert werden – auch Bewegungsmangel ist ein Faktor, der die Entwicklung von Atemwegserkrankungen begünstigt. (Zur eigenen Sicherheit wird das Reiten mit Reithelm empfohlen, auch wenn das hier anders gezeigt wird.)

FRAGEN UND ANTWORTEN

Was ist der Unterschied zwischen organischem und anorganischem Staub?
Staub ist die Sammelbezeichnung für feinste feste Partikel verschiedenen Ursprungs, die eine gewisse Zeit in der Luft beispielsweise suspendiert bleiben können. Staubteilchen können aus organischen Materialien wie Blütenpollen, Bakterien und Pilzsporen bestehen oder aus anorganischen Materialien wie Gesteinsstaub und Mineralfasern.

Muss bei schimmeligen Partien immer der ganze Heuballen vernichtet werden?
Ja, leider reicht es nicht, nur die sichtbar schimmeligen Partien zu entfernen, weil Pilzsporen den Ballen bereits durchdrungen haben, wenn man Schimmel entdeckt.

Eignen sich auch Holzspäne aus dem Sägewerk als Einstreu?
Abfälle aus der Holzwirtschaft sind unter Umständen von Holzschutzmitteln und anderen toxischen Stoffen belastet und als Einstreu nicht zu empfehlen.

Wie gefährlich ist staubiger Boden in der Reithalle?
Wenn das Pferd mal auf staubigem Boden geritten wird, ist das sicher nicht so tragisch, als Dauerzustand aber bedenklich. Abhängig von möglichen Vorerkrankungen und bestehenden Empfindlichkeiten werden Pferde mehr oder weniger stark reagieren. Die Pflege des Hallenbodens trägt auf jeden Fall zur Gesunderhaltung der Pferde bei.

Was bedeutet maximale Belastung?
Damit die Lunge gut durchlüftet wird, müsste das Pferd mindestens 2–3 Minuten im Renngalopp, das sind 400–450 m/Min., vorwärtsgeritten werden. In Ruhe besteht nur eine geringe Ventilation und bei leichter bis mittlerer Arbeit wird nur ein Teil des großen Lungenvolumens genutzt.

Erkälten sich Pferde, wenn sie keine Decke tragen?
Ein gesundes Pferd verfügt über eine großartige Thermoregulation, die nach Möglichkeit nicht gestört werden sollte. Decken sind nur bei besonderen Empfindlichkeiten, alten und mageren Pferden sowie kranken Pferden notwendig. Eine typische Erkältung, so wie wir sie bekommen, wenn wir im Winter ohne warme Jacke unterwegs sind, bekommen Pferde nicht.

Was machen Lungenwürmer?
Die Atemwege des Pferdes können durch Lungenwürmer geschädigt werden. Der 2,5 bis 7 cm lange dünne Wurm lebt in der Lunge, tritt beim Pferd allerdings selten auf. Wenn es zu einem Befall kommt, haben sich die Pferde meistens bei Eseln angesteckt.

Ist in Hinblick auf Lungenwürmer die Weidegemeinschaft mit Rindern und Schafen ein Risiko?
Lungenwürmer treten bei Rindern und Schafen häufig auf. Dabei handelt es sich aber um Arten, die Pferde nicht infizieren, deshalb ist eine Weidegemeinschaft unproblematisch.

GESUND WERDEN, GESUND BLEIBEN!

Fürsorge und Vorsorge

Möglichst rasch gesund werden und hoffentlich gesund bleiben – das Augenmerk eines Pferdebesitzers sollte auf die Haltung, Bewegung und Fütterung seines Pferdes gerichtet sein. Außerdem gibt es einige Maßnahmen, mit denen Wohlbefinden und Vitalität der Pferde unterstützt werden können.

Einzelne therapeutische Maßnahmen können keine Heilung oder langfristigen Nutzen herbeiführen, wenn an anderer Stelle die Bedingungen für die Atemwege belastend sind. Zugegebenermaßen ist es gerade für Pferdebesitzer, die ihre Tiere nicht selbst versorgen können, sondern in einem Pensionsbetrieb untergebracht haben, oft schwierig, das nötige Verständnis und die Bereitschaft für Veränderungen zu bewirken. Und so steht das hustende Pferd vielleicht auf Spänen unter Umständen aber direkt neben dem Heulager oder neben dem Stallkollegen auf Stroh. Da wird die Stallgasse mit dem Laubbläser gefegt, weil es praktisch und schnell ist oder gemistet und eingestreut während die Pferde in den Boxen stehen.

Doch manchmal lassen sich schon mit einigen einfachen Maßnahmen Verbesserungen erzielen, die zur Genesung beitragen. Außer Veränderungen der Haltungsbedingungen, die möglichst wenig Staub, dafür aber viel frische Luft und Bewegung bieten sollen, gibt es weitere Maßnahmen, die Staubbelastungen reduzieren und die Atemwege pflegen.

Gute Futterqualität und unter Umständen alternative staubarme Produkte zu Heu und Stroh helfen, die Staubbelastung für Pferde zu senken.

Um den Gehalt an Ammoniak in der Stallluft niedrig zu halten, scheint möglichst häufiges Ausmisten als Maßnahme angezeigt. Doch wissenschaftliche Untersuchungen und Erfahrungen aus der Praxis zeigen: Ammoniak- und Staubkonzentration in der Stallluft steigen, je öfter der Stall ausgemistet wird. Das liegt daran, dass durch die tägliche Stallarbeit die Ammoniakpartikel immer wieder aufgewirbelt und in der Stallluft verteilt werden.

Mit einfachen Wohlfühlmaßnahmen können Pferdebesitzer ihre Pferde unterstützen: Massagen und Inhalationen sind zum Beispiel förderlich, damit Pferde sich bestmöglich erholen und die Widerstandskräfte gestärkt werden. Menschen mit Asthma bekommen eine Kur am Meer verordnet und auch Pferden mit angegriffenen Atemwegen tut ein Kuraufenthalt am Meer gut – ob im großen Rehastall oder als kleine Maßnahme zuhause. Inzwischen gibt es bundesweit Soleboxen und Anwendungen im Pferdeanhänger.

Notwendige Veränderungen!

Pferde mit COB sind zeitlebens auf staubarme Haltung angewiesen. Ohne die entsprechenden Haltungsverbesserungen wird eine Therapie langfristig nicht erfolgreich sein.

Dr. med. vet. Ulrich Mengeler

Erkrankte Pferde brauchen besondere Fürsorge.

GUTE BESSERUNG

Damit Pferde, die an einem akuten Infekt oder einer länger andauernden Atemwegserkrankung leiden, gesund werden, folgt der sorgfältigen Diagnose ein Behandlungskonzept. Dieses wird individuell auf den Patienten abgestimmt. Einen kleinen allgemeinen Leitfaden zur Orientierung gibt es aber doch, abhängig davon, ob eine akute oder chronische Erkrankung festgestellt wurde.

Gute Aussichten: Frische Luft, Ruhe und Fürsorge fördern die Genesung.

Akuter Infekt

Medizin: Folgen Sie auf jeden Fall den Anweisungen des Tierarztes und setzen Sie Medikamente nicht vorzeitig ab. Gerade bei Antibiotika besteht die Gefahr, dass sich durch einen vorzeitigen Therapieabbruch resistente Keime bilden.

Medikamente, die als Pulver oder Gel verabreicht werden, füttern Sie am besten mit etwas Futter aus der Hand, damit Sie sicher sind, dass das Pferd nicht mogelt. Alternativ lassen sich die Arzneien in Wasser aufgelöst mit einer Spritze aufziehen und direkt ins Maul geben. Bei besonders empfindlichen Patienten können Sie versuchen, die Medizin durch etwas Honig zu versüßen.

Fürsorge: Fiebernde Pferde brauchen Ruhe! Schaffen Sie ein möglichst stressfreies Umfeld und decken Sie das Pferd ein, wenn es fröstelt. Das kann bei Fieber passieren. Nach der Fieberphase benötigt das Pferd Zeit, um sich zu erholen. Faustregel: 3 Tage Fieber, 3 Wochen Schonung!

Haltung: Die Staubbelastung zu reduzieren ist immer eine gute Maßnahme. Im akuten Krankheitsfall ist diese zwar nicht unmittelbar therapeutisch angezeigt, kann aber zur Entspannung, Erholung und Regeneration beitragen. Die gereizten, entzündeten Atemwege sollten einfach nicht weiter belastet werden, um Sekundärinfektionen keinen Vorschub zu leisten und zu vermeiden, dass Überempfindlichkeiten entstehen.

Frische Luft trägt zur Genesung bei. Hat das Pferd eine Innenbox, sollte es am besten in eine Außenbox umziehen, Stroheinstreu sollte durch staubarme Einstreumaterialien ersetzt werden. Das richtige Mistmanagement (siehe S. 114) reduziert zudem die Ammoniakbelastung.

Fütterung: Auch für Raufutter gilt, Nassfütterung ist nicht unmittelbar therapeutisch angezeigt, aber immer sinnvoll, um die beanspruchten Atemwege zu entlasten.
Ansonsten sollte die Ration der Situation angepasst werden und leichte, hochverdauliche Kost den Speiseplan bestimmen. Zusammenstellungen mit einem abgesenkten Energiegehalt und hohem Rohfaseranteil werden von verschiedenen Futtermittelherstellern angeboten.
Das Säubern von Tränke und Futtertrog ist aus hygienischen Gründen wichtig, damit die Schleimhäute nicht zusätzlich gereizt werden und um Krankheitserreger keinen Nährboden zu bieten.
Die Tränke sollte alle zwei Tage feucht ausgewischt werden. Bei Selbsttränken die Rückseite der Zunge nicht übersehen! Der Futtertrog muss ebenfalls feucht gereinigt werden und vor allem von festklebenden Futterrückständen, die Nährboden für Pilze und Keime darstellen, befreit werden. Abschließend sollte der Trog trocken ausgwischt werden.

Leichte, hochverdauliche Kost und einwandfreies staubarmes Raufutter unterstützen die Genesung.

Bewegung: Pferde mit einem akuten Infekt brauchen zunächst absolute Schonung. Ist der Infekt abgeklungen und das Pferd fieberfrei, können Sie mit kleinen Spaziergängen starten. Frische Luft und leichte Bewegung im Freien tragen zur Erholung bei. Bereits wenn das Fieber abgeklungen ist, können sich die Pferde auch auf dem Paddock oder auf der Weide aufhalten, sofern sie nicht toben.
Geben Sie Ihrem Pferd in jedem Fall ausreichend Zeit zum Regenerieren!

Prognose: Die Prognose hängt von verschiedenen Faktoren ab. Je frühzeitiger die Krankheit erkannt, richtig diagnostiziert und konsequent behandelt wird, desto besser sind die Aussichten für eine rasche Genesung.
Generell sollte eine akute Erkrankung innerhalb von zwei bis drei Wochen ausgeheilt sein.

Vorsorge: Zur Vorbeugung viraler Erkrankungen, wie Influenza und Herpes, werden Impfungen empfohlen, für Turnierpferde sind diese Impfungen Pflicht.
Ein weiterer Aspekt ist die Unterstützung eines starken Immunsystems, Vermeidung von Stress, angepasste hochwertige Fütterung und Bewegung tragen dazu bei.

Chronische Atemwegserkrankung

Pferde mit chronisch obstruktiver Bronchitis leiden an einer länger andauernden Erkrankung der Atemwege. Diese Patienten stellen besondere Anforderungen an die Haltung.

Medizin: Ein Pferd mit chronisch obstruktiver Bronchitis bekommt Medikamente, um die Symptome zu lindern. Gegen verengte Bronchien (Bronchospasmus) werden Bronchospasmolytika verabreicht. Diese Medikamente entspannen die Muskulatur der Bronchien, sodass diese sich weiten und das Pferd besser atmen kann. Um den Transport von Schleim aus der Lunge zu verbessern, gibt es Schleimlöser. Zum Abschwellen der Bronchialschleimhaut kann in manchen Fällen auch Kortison zum Einsatz kommen. Der Tierarzt spritzt zum Beispiel Glukokortikoide wie Prednisolon oder Dexamethason.

Fürsorge: Chronische Atemwegsprobleme bedeuten für das Pferd, dessen Wohlbefinden auch von dem Gefühl abhängt, erfolgreich fliehen zu können, Stress und können Ängste auslösen. Treten diese häufig oder regelmäßig auf, haben sie negativen Einfluss auf das Immunsystem. Aus diesem Grund muss das Verhalten der Pferde besonders in Gruppenhaltung beobachtet werden, weil sich womöglich die Rangordnung ändert und kranke Pferde in der Rangordnung nach hinten »durchgereicht« werden.

Haltung: COB erfolgreich zu therapieren, ist nur durch umfangreiches angepasstes Fütterungs- und Stallmanagement möglich. Dabei ist es wichtig, die klassische Stroheinstreu durch Alternativen zu ersetzen. Geeignet sind zum Beispiel Hanfstroh, Leinstroh oder Dinkelspelzen. Absolutes Muss: Gutes Mistmangement und ausreichendes Lüften oder der Umzug in einen Offenstall.

COB vorbeugen: Ausreichende Bewegung sorgt für eine gute Belüftung der Lunge.

Fütterung: Das Säubern von Tränke und Futtertrog ist aus hygienischen Gründen wichtig, damit die Schleimhäute nicht zusätzlich gereizt werden und Krankheitserreger keinen Nährboden bekommen.
Die Tränke sollte alle zwei Tage feucht ausgewischt werden. Bei Selbsttränken die Rückseite der Zunge nicht übersehen!
Der Futtertrog muss ebenfalls feucht gereinigt werden, vor allem festklebende Futterrückstände, die Nährboden für Pilze und Keime darstellen, müssen entfernt werden. Abschließend sollte der Trog trocken ausgewischt werden.
Um die Feinstaubbelastung zu reduzieren, wird Heu nass oder bedampft gefüttert. Alternativ kann betroffenen Pferden Grassilage beziehungsweise Heulage für Pferde (nicht für Rinder!) angeboten werden.
Beim Fegen der Stallgasse, sollte möglichst wenig Staub aufgewirbelt werden, was sich durch Befeuchten mit Wasser aus einer Gießkanne erreichen lässt.

Extras: Für chronisch kranke Pferde ist es angenehm, wenn ihr ganzer Körper vermehrt mit einer weichen Bürste kreisförmig sanft gebürstet wird. Das regt die Durchblutung an und ist eine schöne Form der Zuwendung.

Bewegung: In Absprache mit dem Tierarzt kann es bei COB hilfreich sein, das Pferd zu bewegen, da leichte Belastung die Reinigung von Lunge und Atemwegen fördert. Natürlich muss das Pferd angemessen belastet werden – angestrengte Atmung und starkes Schwitzen sind Zeichen von Überforderung.

PRAXISTIPP!

Hygieneleitfaden

Bei der Deutschen Reiterlichen Vereinigung (FN) gibt es die Broschüre »Hygieneleitfaden Pferd – Biosecurity im Stall und unterwegs« zum kostenlosen Download unter: www.pferd-aktuell.de

Prognose: Die Prognose hängt davon ab, wie stark und wie lange das Pferd schon an einer chronisch obstruktiven Bronchitis leidet und wie seine Haltung auf die Erkrankung eingestellt werden kann. Wenn Haltung und Fütterung optimiert werden, bessern sich die Beschwerden in der Regel. Dennoch sind manche Pferde trotz idealer Bedingungen nicht symptomfrei. Diese Pferde entwickeln unspezifische Empfindlichkeiten, weil ihre Atemwege sich dauerhaft verändert haben. Sie reagieren besonders empfindlich auf Staubbelastungen und müssen ihr ganzes Leben so staubarm wie möglich gehalten werden.

Vorsorge: Chronischen Atemwegsproblemen der Pferde kann vorbeugt werden, indem man von Beginn an auf gute Fütterung, ausreichend Bewegung und optimale Haltungsbedingungen achtet – und akute Atemwegsinfekte sorgfältig auskuriert.

GESUNDES STALLKLIMA

Frische Luft statt wohliger Wärme ist die Devise im Pferdestall – und das zu jeder Jahreszeit. Tägliches Lüften ist selbstverständlich. Am besten bleiben die Fenster geöffnet. Frische Luft heißt aber nicht Zugluft!

Zwangsläufig verbringen Pferde in Boxenhaltung viel Zeit, um nicht zu sagen die meiste Zeit, im Stall. Um so wichtiger ist es, ihnen grundsätzlich ein gesundes Stallklima zu bieten. Unter dem Begriff Stallklima werden alle Faktoren, Zustände und Vorgänge im Stall zusammengefasst wie Temperatur, Luftfeuchtigkeit, Luftaustausch, Schadgas- und Staubgehalt sowie die Belastung mit Keimen und Pilzsporen.

Wenn die natürlichen Temperaturschwankungen der Tages- und Jahreszeiten auch die Stalltemperatur beeinflussen und nur in extrem heißen oder kalten Phasen gemildert werden, wirkt sich das positiv auf Stallklima und Pferdegesundheit aus.

WAS IST ZUGLUFT?

Kühle Luft allein, die zum Beispiel durch ein Stallfenster einströmt, ist keine Zugluft! Zugluft ist definiert als ein gerichteter Luftstrom, der das Pferd an einer begrenzten Körperregion, also nicht großflächig, trifft.

Die Temperatur konstant zu halten ist nicht notwendig, es wäre sogar kontraproduktiv, denn die Thermoregulation der Pferde muss angesprochen und gefordert werden, um aktiv und voll funktionsfähig zu bleiben.

Geöffnete Fenster sind gut, führen aber allein nicht zu einem notwendigen Luftaustausch, bei dem warme Luft und unerwünschte Gase wie Kohlenstoffdioxid, Ammoniak und Schwefelwasserstoff entweichen können und Frischluft nachströmen kann.

Um Stallluft per Auftrieb zugfrei in Bewegung zu halten, sind Öffnungen im oberen Stallbereich, möglichst nahe der Decke, notwendig. Moderne Lüftungssystem lassen sich auf Wettersituation und Stallklima anpassen. Andere Systeme gehen noch einen Schritt weiter und setzen feinen Wassernebel ein, der den Feinstaub im Stall binden soll. Dies sind bauliche Maßnahmen, auf die der einzelne Pferdebesitzer in einem Pensionsstall in der Regel keinen Einfluss hat. Einfluss haben Einstaller eher noch auf die Stallarbeiten.

Wechsel- oder Matratzenstreu?

Wer sein Stallmanagement optimieren möchte, steht auch vor der Frage, welches Verfahren beim Misten richtig ist – Wechselstreu oder Matratzenstreu? Bei Wechselstreu wird täglich ausgemistet und neu eingestreut, bei Matratzenstreu bleibt die Grundeinstreu sechs bis acht Wochen in der Box. Nur Pferdeäpfel und nasse Stellen werden täglich entfernt und nachgestreut. Der Unterschied zwischen den beiden Einstreuarten macht sich vor allem in der Ammoniakbelastung bemerkbar.

Hier punktet tatsächlich die Matratzenstreu. In einer gut angelegten und gepflegten Matratze aus Mist und Humus können sich Mikroorganismen entwickeln, die Ammoniak spalten und Stickstoff binden. So werden weniger giftige Gase in die Luft abgegeben als beim täglichen Misten. Voraussetzung ist allerdings, dass täglich reichlich nachgestreut wird und die Oberfläche trocken bleibt, sonst wird es unhygienisch.

Außer der klassischen Einstreu aus Langstroh gibt es inzwischen zahlreiche staubarme Alternativen:

Strohhäcksel: Langstroh wird gehäckselt, entstaubt und entkeimt, sodass fast alle zu Stroh genannten Risiken aufgehoben sind.

Leinstroh: Flachsstengel werden zerkleinert gereinigt, entstaubt und als handliche Ballen angeboten.

Miscanthus: Schilfähnlichen Gras, das in Form von Häckseln oder Pellets als Einstreu angeboten wird. Miscanthus soll saugfähiger und staubärmer sein als herkömmliches Stroh.

Hobelspäne: Hergstellt meist aus unbehandeltem Weichholz, getrocknet und entstaubt. Späne enthalten deutlich weniger Pilze und Bakterien als Stroh.

Außerdem werden auch Papierschnitzel, Weichholzpellets oder Dinkelspelzen als Einstreu genutzt. Bei der persönlichen Wahl müssen Vor- und Nachteile abgewogen werden und dabei auch die logistischen Möglichkeiten berücksichtigt werden.

So staubarm wie möglich

Der Staubgehalt steigt beim Misten und Einstreuen an und damit auch der Gehalt an Pilzsporen, die von den Pferden inhaliert werden. Ideal ist es daher, wenn die Pferde während des Mistens und Einstreuens nicht im Stall sind und auch nicht unmittelbar danach wieder eingestellt werden, da die Sporenbelastung in der Luft noch etwa eine halbe Stunde unverändert hoch ist. Beim abschließenden Fegen der Stallgasse lässt sich der Staub binden, wenn die Stallgasse vorher mit Wasser befeuchtet wird.

Das Lagern und Aufschütteln von Heu auf der Stallgasse ist aus den beschriebenen Gründen nicht zu empfehlen.

Späne sind eine beliebte Alternative zur klassischen Einstreu aus Langstroh.

FÜTTERUNGSPRAXIS

Die richtige Pferdefütterung ist nicht nur eine Frage der Rationsgestaltung und Auswahl geeigneter Futtermittel, sondern in großem Maße auch eine Frage der Fütterungspraxis. Diese ist in der europäischen Futtermittelhygieneverordnung verankert. Dies klingt zunächst sehr bürokratisch, doch konkrete Forderungen sind sehr praxisnah und können quasi als Checkliste dienen:

- Futtermittel sind getrennt von gefährlichen Stoffen zu lagern.
- Fütterungseinrichtungen müssen regelmäßig gereinigt werden.
- Schädlinge im Stall und Futterlager sind umgehend zu bekämpfen.
- Schimmelige Futtermittel und Einstreu dürfen nicht eingesetzt werden.

LUFA

Landwirtschaftskammer Nordrhein-Westfalen

Landwirtschaftskammer NRW, Postfach 5980, 48135 Münster

Prüfberichts-Nr.:
Kundennr.:
KundenbetreuerIn:
Service-Telefon: 0251/2376-595
Telefax: 0251/2376-702

Prüfbericht vom 07.09.2016 Seite 1 / 2

Probenahme: In Verantwortung des Auftraggebers Ort: Datum: 26.08.2016
Erste Anmahnung der schlechten Heuqualität am: 21.08.16
Probe-Nr.: 16-176500 Prüfgegenstand: Grobfuttermittel
Eingang der Probe: 31.08.2016 Prüfbeginn: 31.08.2016 Prüfende: 07.09.2016
Kennzeichnung: Art der Probe: Pferdeheu

Prüfparameter	Einheit	Prüfergebnis im Original
Bakterien (mesophil, aerob)	KBE/g	5.050.000
Hefen	KBE/g	<500
Schimmelpilze	KBE/g	10.000.000

Bemerkung Prüfparameter:
Bakterien (mesophil, aerob): darin 2000 Streptomyzeten, sonst KG2
Hefen: kult. nicht nachgewiesen
Schimmelpilze: zumeist KG5 (Aspergillus sp.)

Beurteilung:
Es liegt ein leicht erhöhter Gehalt an verderbanzeigenden aeroben mesophilen Bakterien vor.
Es liegt ein stark überhöhter Gehalt an Lagerpilzen vor. Ein Unverträglichkeitsrisiko ist nicht auszuschließen.

Gesamtbeurteilung: Keimzahlstufe IV.
Für Heu zur Verfütterung an Pferde sollten die Keimzahlstufen I und II angestrebt werden.

Prüfparameter/Prüfmethoden:
Bakterien (mesophil, aerob), Hefen, Schimmelpilze: VDLUFA Bd. III, 28.1.1 bis 28.1.4 (Akkr)

Im Auftrag
gezeichnet
Diplom-Chemieingenieur (FH)
(kommissarischer Leiter des Arbeitsgebietes Organische Analytik)

LUFA-Prüfbericht für Heu

Sinnesprüfung

Sicher beginnt die Futtermittelhygiene bei der Futterbergung und Herstellung, doch darauf haben die wenigsten Pferdebesitzer Einfluss. Eine kritische Prüfung aller Futtermittel von der Anlieferung bis zum Verbrauch kann jedoch mögliche Mängel aufdecken. Durch eine einfache Sinnesprüfung – sehen, fühlen, riechen – bekommen Sie einen ersten Eindruck: Heu sollte kräftig grün sein, sich weich und blattreich anfühlen und aromatisch riechen. Muffiger, schimmeliger Geruch oder graue Schimmelnester sind absolute Ausschlusskriterien.

Ungenügend getrocknete Heu- oder Strohballen fallen zudem durch ihr höheres Gewicht auf. Menschen, die zu Allergien neigen, werden den Befall mit Milben durch einen Juckreiz an den Händen am eigenen Leib spüren. Auffällige Staubentwicklung beim Befüllen des Hafersilos deutet auf ungenügende Reinigung hin. Beim Griff in die Futterkiste können Verklebungen und Klumpen in Folge von Feuchtigkeit mit dem bloßen Auge erkannt werden. Gute Silage zeichnet sich durch einen angenehmen Milchsäuregeruch aus. Sobald diese hefeartig oder muffig riecht, können Sie davon ausgehen, dass keine Silierung zustandegekommen ist.

Eine zögerliche Futteraufnahme oder plötzliche Hustenanfälle sind Reaktionen der Pferde, die misstrauisch machen sollten, und auch für den Tierarzt wichtige Hinweise sind.

Vor allem, wenn die Auffälligkeiten in Zusammenhang mit einer Futterlieferung auftreten und gleich mehrere Pferde im Bestand betroffen sind, sollten Sie auf eine weitere Verfütterung verzichten und die Qualität der Futtermittel prüfen lassen.

Preiswerte Untersuchungen bieten die Landwirtschaftlichen Untersuchungs- und Forschungsanstalten, kurz LUFA, an. Futterproben werden dort auf Inhaltsstoffe, Futterwert und Futtertauglichkeit analysiert und die Ergebnisse in einem Bericht zusammengefasst.

Kraftfutter

Sicher steht das Raufutter im Fokus, wenn über Risiken für die Atemwege diskutiert wird, doch auch das Kraftfutter sollte nicht gänzlich außer Acht gelassen werden.

Bei der Futteraufnahme werden Stäube inhaliert, die bis in die Lunge vordringen können. Bei aufgeschlossenen und aufbereiteten Komponenten, das heißt, wenn Getreide beispielsweise geschrotet, gequetscht oder thermisch aufgeschlossen wurde, ist das Risiko der Staubentwicklung durch Abrieb sowie die Besiedelung mit Keimen größer als bei ganzen Getreidekörnern.

Die Zugabe hochwertiger Öle, die in erster Linie zur Aufwertung von Kraftfutterrationen empfohlen wird, hat den positiven Nebeneffekt, dass Stäube im Kraftfutter gebunden werden.

Raufutter

Grundlage der Pferdefütterung ist das Raufutter, daher sollte diesem besondere Aufmerksamkeit geschenkt werden.

Die Lagerung spielt eine große Rolle, um die Qualität guter Futtermittel zu erhalten, denn ursprünglich einwandfreies Heu kann bei unsachgemäßer Lagerung verderben. Also sollten zunächst die Vorbereitungen getroffen werden: Frühjahrsputz ist angesagt! Bevor das Futter der neuen Ernte eingelagert wird, sollten Lagerräume und Silos gründlich gereinigt, Futterreste und Verunreinigungen durch Nager entfernt werden. Außerdem kann auf dem klassischen Heuboden das Dach auf lose Ziegel oder andere undichte Stellen überprüft werden, damit nicht nachträglich Feuchtigkeit in die neue Ernte eindringen kann.

Am besten wird Hafer vor dem Füttern gequetscht und nicht auf Vorrat, um die Gefahr des Keimbefalls zu reduzieren.

PRAXISTIPP!

Das Salz in der Suppe

Heu wird schmackhafter, wenn man dem Tauchbad Kochsalz zufügt. Die empfohlene Salzmenge beträgt 5 g pro Liter. Außerdem gefriert das salzhaltige Tauchwasser im Winter nicht so schnell.

Nassfütterung

Selbst in qualitativ hochwertigem Heu befinden sich ausreichend Schimmelpilzsporen, die bei entsprechend sensibilisierten Pferden zu Atemwegsproblemen führen können. Daher wird für empfindliche Pferde empfohlen, die Heuration zu wässern.

Dabei muss das Heu komplett untergetaucht werden und eine Weile im Tauchbad verbleiben. Die Zeit richtet sich nach Heumenge sowie Beschaffenheit, das heißt, loses Heu muss nicht so lange gewässert werden wie ein gepresster Heuballen. Bei losem Heu reichen einige Minuten, bei geschlossenen Ballen wird etwa eine halbe Stunde empfohlen. Nach dem Tauchgang lässt man das Heu gut abtropfen, bevor es verfüttert wird. Durch das Wässern werden schädliche Pilzsporen im Tauchwasser gebunden, nicht gelöst. Sie sind auch nach dem Wässern noch im Tauchbad vorhanden, werden allerdings von den Pferden nicht inhaliert, sondern über den Magen-Darm-Trakt aufgenommen, wo sie in der Regel keinen Schaden anrichten.

Das Verfüttern von nassem Heu ist gut verträglich und wird von den Pferden im Allgemeinen gut akzeptiert. Wird das nasse Heu nach der Umstellung nur zögerlich gefressen, kann es durch Zugabe von etwas Kochsalz oder Obstessig verfeinert werden. Der Zusatz von Kochsalz verhindert außerdem das Ausschwemmen der Nährstoffe.

Die Nassfütterung – sinnvoll, aber nicht immer praktisch.

Wichtig: Die Nassfütterung dient lediglich dazu, Pferde nicht mit Heustaub zu belasten. Auf gute Qualität des Futters muss trotzdem geachtet werden. Durch das Wässern kann man Staub binden, aber nicht aus schlechtem Heu gutes machen!

+ Staub wird gebunden
+ Heu ist gut verträglich
- Im Sommer schnelles Verderben
- Im Winter Probleme mit Frost/Eis

Alternativen zu Heu

Silage

Für Pferde, die unter COB leiden, ist gute Pferdesilage eine Alternative zu Heu. Durch den relativ hohen Feuchtegehalt und die niedrige Trockensubstanz ist Silage relativ staubarm.

Das A und O der Silagebergung liegt darin, sofort nach der Ernte den ph-Wert auf etwa ph-4 abzusenken. Dann sind die wichtigen Milchsäureorganismen im Vorteil und die schädlichen Mikroorganismen, die Sauerstoff benötigen, sterben ab. Bei idealem Gärverlauf kommt es zu verstärkter Milchsäurebildung, wie wir es vom Sauerkraut kennen. So erhält man Silage, die sehr gut konserviert ist und sich durch gute Bekömmlichkeit auszeichnet.

+ Leicht feucht
+ Staubarm
- Schnelle Nachgärung
- Mögliche Darmprobleme aufgrund der Absäuerung

Wie wichtig allerdings eine ganzheitliche Betrachtung ist, zeigt folgendes Beispiel: Bei unzureichender Lüftung im Stall kann Silagefütterung zum Problem werden, weil sie, vor allem in alten, umgebauten Ställen mit niedriger Deckenhöhe und schlechter Luftzirkulation zu höherer Luftfeuchtigkeit führt. Es gibt Ställe, in denen die Silagefütterung eingestellt wurde, weil sich an den Wänden Schimmelpilze gebildet haben.

Heu oder Silage? Die Wahl ist nicht nur eine Frage des guten Geschmacks.

Heucobs

Die Frage, ob Heucobs eine sinnvolle Alternative zur Heufütterung darstellen, beantworten Experten mit einem eindeutigen Jein – denn Heucob ist nicht gleich Heucob.

Die Eigenschaften sind zunächst abhängig vom Ausgangsmaterial.

Die kleinen Presslinge sind staubarm und der Besatz mit Schimmelpilzsporen ist bei diesen Produkten sehr gering.

Wird beispielsweise Luzerne verarbeitet, entstehen eiweißreichere Cobs als bei der Verarbeitung von Gräsern. Aufwuchs, Schnittzeitpunkt und Witterungsbedingungen haben ebenfalls Einfluss auf das Endprodukt. Außerdem unterscheiden sich die Produkte verschiedener Futtermittelanbieter in Hinblick auf: Nährwert, Rohfaseranteil, Struktur und Durchmesser.
Zur Produktion der Presslinge wird das Mähgut getrocknet. Im Gegensatz zur herkömmlichen Bodentrocknung erhält man bei der so genannten Heißlufttrocknung besonders staubarmes Grüngut. Nährstoffreiche Pflanzenteile wie die Blätter, die bei der Bodentrocknung als Bröckelverluste verloren gehen, bleiben bei diesem Verfahren erhalten. Vorteil der Belüftungs- und Heißlufttrocknung ist zudem, dass Bakterien und Schimmelpilze durch das schnelle Runtertrocknen auf 90 % Trockenmasse keinen Nährboden finden. Im Anschluss an die Trocknung kann das Trockengut zerkleinert, vermahlen und gepresst werden. Als Raufutterersatz empfehlen sich Cobs mit einer Faserlänge von 4–8 cm.
Cobs aus strukturreichem Trockengut sind durchaus eine Alternative zu Heu und können 1:1 eingesetzt werden, das heißt, 1 kg Heucobs ersetzt 1 kg Heu.

+ Staubarm
+ Geringe Anfälligkeit für Schimmel
+ Handlich und einfach zu lagern

Heubedampfer

Für die meisten Pferdebesitzer ist und bleibt aber Heu die erste Wahl beim Raufutter. Doch für Pferde mit erkrankten Atemwegen und unspezifischen Überempfindlichkeiten kann die Aufnahme zum Problem werden.
Eine echte Innovation war daher Mitte der 1990-er Jahre der WEBA-Heuaufbereiter von Werner Balsiger. Der kreative Schweizer ermöglichte mit seiner Erfindung vielen Pferdehaltern, einfach und kostengünstig staubfreies Heu für ihre Pferde aufzubereiten. Bedampfen statt wässern lautet seine Devise, die auch von Tierärzten ausdrücklich befürwortet wird.
Das Prinzip: Heu wird 30–45 Minuten in einem geschlossenen Behälter mit heißem Wasser bedampft. Dabei werden Staub und Pilzsporen gebunden, die Nährstoffe bleiben erhalten. Der Vorteil gegenüber der Praktik des Wässerns von Heu liegt in dem geringeren Wasser-

einsatz. Das Heu wird nicht komplett durchnässt, sondern nur feucht. Es sieht auch nach dem Bedampfen noch wie Heu aus und verbreitet einen angenehmen Duft nach gemähter Wiese.
Inzwischen ist ein großer Markt für Heubedampfer entstanden und auch Konstruktionen im Eigenbau werden vielfach genutzt, doch das Prinzip ist immer das gleiche und geht zurück auf die Entwicklung Balsigers. Er hat seine Erfindung nicht als kommerzielle Einnahmequelle gesehen, sondern vielmehr als Tierschutzprojekt. Daher hat er bereits vor einiger Zeit eine kostengünstige Variante für den einfachen Nachbau entwickelt. Selbstverständlich gilt auch für das Bedampfen: Die Aufbereitung im Heubedampfer macht aus schlechtem Heu kein gutes! Schimmeliges Heu muss entsorgt werden.

Heu ist und bleibt wohl das beliebteste Raufutter für Pferde.

Heu zu bedampfen statt zu wässern hat sich in vielen Ställen durchgesetzt.

POKER UND DIE ERFINDUNG DES HEUBEDAMPFERS

Unser irischer Wallach Poker (rechts im Bild mit meiner Frau) war der Anlass, dass ich mich intensiv mit staubarmer Heufütterung beschäftigt und schließlich den WEBA-Heuaufbereiter entwickelt habe.

Angefangen hat alles 1993, als Poker zu uns in Pension kam. Der Wallach war charakterlich wunderbar, hatte aber ein Handicap – Poker hatte COB.

Tierarzt Dr. Messerli fasste die Symptome wie folgt zusammen: angestrengte Atmung, erhöhte Atemfrequenz von 24 Atemzügen pro Minute in Ruhe, aufgeblähte Nüstern, starke Atemgeräusche, eitriger Nasenausfluss, Husten und deutliche Bildung einer Dampfrinne.

Medikamente konnten die Symptome lindern, aber eine nachhaltige Verbesserung seiner Situation blieb aus. Wir waren der Meinung, dass die Bedingungen unserer Pferdehaltung seinen gesundheitlichen Zustand zumindest stabilisieren könnten. Dass sich eine geschädigte Lunge nicht mehr regeneriert, war uns bewusst. Also versuchten wir, Poker eine möglichst staubarme Umgebung zu schaffen auch in Hinblick auf die Fütterung.

Wir fütterten erst Heupellets statt Heu, dann Heu, das gewässert wurde, aber Pokers Zustand verschlechterte sich weiter. Der behandelnde Tierarzt machte uns keine großen Hoffnungen mehr. Schon bei einem kurzen Spaziergang hatte Poker Not, weit geblähte Nüstern und deutliche Bauchatmung, machten sein Leiden unübersehbar.

Als das Todesurteil gefällt war, übernahmen wir Poker von seinen ursprünglichen Besitzern. Wir taten dies mit der Absicht, ihm noch eine Ruhephase zu gönnen und überlegten, ob es eine Möglichkeit gibt, Poker noch pferdegerechter zu ernähren. Er sollte keinen Staub einatmen und dennoch in den Genuss von hochwertigem Heu kommen.

Meine Idee war, statt den Staub aus dem Heu zu entfernen, diesen so zu binden, dass er am Halm klebend in den Verdauungstrakt gerät, statt in die Atemwege.

Ich bastelte zunächst eine wasserfeste Kiste mit einem Rost aus verzinktem Eisen, um das Heu als Kleinballen darauf zu legen. Ich entfernte die Schnüre und lockerte den Heuballen. Aber wie sollte ich nun den Innenraum mit dem Heu befeuchten? Irgendwo in unserem Haushalt lag noch ein Luftbefeuchter herum – ein Versuch war es wert und so entstand der erste Prototyp des WEBA-Heuaufbereiters.

Nach etwa zehn Stunden öffnete ich den Heukasten und staunte nicht schlecht! Ein sehr angenehmer Duft stieg mir in die Nase, wie frisch gemähtes Heu. Anzufassen war es ebenfalls sehr angenehm, warm und ganz leicht feucht – der Dampf hatte die Heuballen durchdrungen. Nun kam der große Test: Schmeckt es Poker? Sie glauben nicht, wie der reagierte – er genoss das bedampfte Heu regelrecht und mit ihm ging es plötzlich wieder bergauf!

Unser Tierarzt war von dieser Entwicklung ebenfalls begeistert und bald wurde das Bedampfen immer populärer. Also war ich gefordert, das ganze etwas professioneller zu gestalten – und auch einen Namen zu finden. Letzteres war ein Schnellschuss: Ich nahm einfach meinen Namen und hängte »Heuaufbereiter« daran »WErner BAlsiger-Heuaufbereiter«. Um meine Idee weiterzuentwickeln konstruierte ich einen Behälter aus wasserfesten Platten, welcher von einem fahrbaren Gestell aus Eisen, verzinkt, getragen wurde. Statt des Luftbefeuchters verwendete ich nun einen Haushalts-Dampfreiniger, welcher zugleich eben auch als Reiniger eingesetzt werden konnte – er wurde einfach an den Kasten an- oder abgekoppelt. Die Aufbereitung dauerte so nur noch etwa eine Stunde. Es folgten weitere Verbesserungen und ich fand noch eine viel bessere und günstigere Lösung als Dampfspender. Ich stieß auf ein Gerät, welches normalerweise zum Entfernen von Tapete verwendet wird. Die Aufbereitungszeit verkürzte sich dadurch auf 45 Minuten.

Der Untersuchungsbericht am 2. Mai 1997 von Dr. Messerli las sich wie folgt: Poker war in gutem Allgemeinzustand, hatte normale Körpertemperatur, normale Herzfrequenz und Atemfrequenz mit16 Atemzügen pro Minute in der Ruhe, leichte Bildung einer Dampfrinne bei Ausatmung, nur leicht hörbare Atemgeräusche, nur leicht wässrigen Nasenausfluss und keinen Husten.

Dr. Messerli sagte, dass Poker für ihn ein typisches Beispiel dafür sei, dass man mit konsequenter Verbesserung des Stallklimas und der Fütterungstechnik das COB-Problem in den Griff bekommen kann. Der WEBA-Heuaufbereiter sei dabei ein sehr geeignetes Hilfsmittel. Meine Frau wagte kurze Spaziergänge und immer längere, gemütliche Ausritte. Poker hatte wieder Lebensfreude und konnte sogar in den Kinderreitstunden eingesetzt werden. Sein neues Leben genoss dieser liebenswerte Wallach noch über zehn Jahre in vollen Zügen. Poker starb 2010 im Alter von 27 Jahren. Geblieben ist der WEBA-Heuaufbereiter, der bereits vielen Pferden geholfen hat – das macht mir einfach große Freude. Für dieses Buch stelle ich die Bauanleitung gerne nochmal zur Verfügung, sodass Pferdebesitzer den WEBA-Junior einfach nachbauen können.

Werner Balsiger

BAUANLEITUNG HEUBEDAMPFER

WEBA-JUNIOR

von Werner Balsiger

Materialliste

1 Mülltonne, 240 Liter
1 Dampf-Tapetenablösegerät
(z.B. Wagner W14)
1 Zeitschaltuhr
(mind. viertelstündliche Schaltintervalle)
Verzinkte Rundeisen von 10 mm Stärke
für den Einlegerost:

2 Stück à 47 cm (Breite)
3 Stück à 40 cm (Tiefe)
4 Stück à 30 cm (Beine)

Alternativ: Kunststoffgitter, Ofenrost, Holzgestell (Achtung: Holz schimmelt schnell!)

Loch für Dampfschlauch bohren.

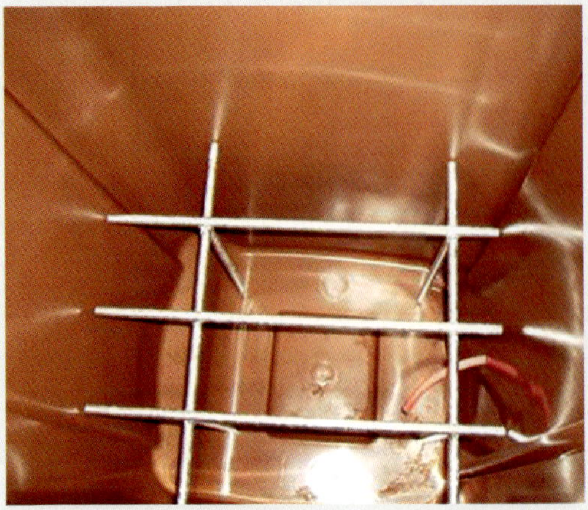

Rost einlegen – Der »Hohlraum« im unteren Teil des Containers ist notwendig, damit sich der Dampf gleichmäßig im Heu verteilen kann!

Ein Tapetenablösegerät erzeugt den Dampf, der durch einen Schlauch in den Container geleitet wird.

Bauanleitung

- Die Rundeisen werden zu einem Einlegerost geschweißt.
- Der Einlegerost wird auf ca. 30 cm Höhe eingesetzt.
  Der Hohlraum im unteren Bereich der Tonne ist wichtig, damit sich der Wasserdampf gleichmäßig im Heu verteilen kann.
- Etwa 3 cm unterhalb des Rostes wird ein Loch für den Dampfschlauch gebohrt.
- Der Schlauch des Dampfgerätes wird mit auf die passende Länge gekürzt.

Anwendung

Wenn der Bedampfer nicht genutzt wird, kann das Dampfgerät auf dem Container stehen. Während der Anwendung ist es besser, wenn das Gerät auf dem Boden steht, da sich sonst der Deckel des Containers aufgrund der Hitze durchbiegt.

Der Schlauch sollte nicht länger als notwendig sein und vor allem nicht durchhängen, damit sich kein Restwasser sammelt. Gerade im Winter könnte der Schlauch dann einfrieren. Abgestandenes Wasser ist zudem eine Quelle für Keime.

Legen Sie das Heu scheibenweise auf den Rost und gießen Sie etwa 10 Liter Wasser aus einer Gießkanne mit Brause darüber. Dies ist unbedingt notwendig, damit auch das Heu in der Mitte der Portion bedampft wird. Dann das Dampfgerät öffnen und bis zur Markierung mit Wasser füllen. Dampfschlauch in den Container einführen und diesen schließen. Zeitschaltuhr auf 45 Minuten einstellen. Hier können Sie probieren, welche Zeit im Einzelfall ausreichend ist.

Beispiel: Fütterung um 7.00 Uhr – Zeitschaltuhr ein von 6.15–7.00 Uhr.

Nach dem Ausschalten darf der Behälter des Dampfgeräts nicht leer sein. Die Heizschlange muss sich noch im Wasser befinden, sonst kann sich die Lebensdauer des Geräts drastisch verkürzen. Außerdem sollte das Gerät regelmäßig entkalkt werden.

Wenn das Heu entnommen wurde, Rost aus dem Container nehmen, alles entleeren und reinigen. Vorsicht – heiß!

Weniger Staub, mehr Genuss – Pferde profitieren sehr davon, wenn Heustaub reduziert wird.

PHYSIO & WELLNESS

Massage

Bei der Behandlung von Atemwegserkrankungen liegt der Fokus zunächst auf Maßnahmen, die unmittelbar auf die Atemwege wirken. Mit einem ganzheitlichen Therapieansatz können Sie Ihr Pferd aber noch weitreichender unterstützen. Wohl jeder, der schon mal einen grippalen Infekt mit all seinen Begleiterscheinungen durchgemacht hat, erinnert sich, wie sehr die Symptome auf den gesamten Körper wirken – und den Pferden geht es ähnlich. Als Folge von Husten und Atemnot kommt es zu Veränderungen physiologischer Vorgänge: Das Pferd atmet nicht mehr ruhig ein und aus, sondern kompensiert die erschwerte Atmung durch schnellere, kürzere und flachere Atemzüge. In der Folge wird die Lunge aber nicht mehr gut belüftet und die Mikrozirkulation in den feinen Gefäßen eingeschränkt.

Das veränderte Atemmuster hat auch Auswirkungen auf die Muskulatur. Krampfartiger Husten führt zu Verspannungen, die nicht nur die Atemmuskulatur betreffen, sondern auch Bauch- und Rückenmuskulatur.

Mit einigen einfache Übungen können Sie das Wohlbefinden Ihres Pferdes unterstützen.

Sanfte Ausstreichungen entspannen und unterstützen das Wohlbefinden.

Der Hals

Beginnen Sie die Ausstreichungen entlang der Halsmuskulatur. Fahren Sie dazu mit der flachen Hand langsam und gleichmäßig über den Hals und versuchen Sie dabei, den Kontakt zum Pferd möglichst nicht aufzulösen, damit die Streichungen nicht unterbrochen werden.

Die Rippen

Hier wird die Zwischenrippenmuskulatur massiert. Dazu suchen Sie zunächst mit den Fingerspitzen die Bereiche zwischen den Rippen und streichen anschließend entlang der Zwischenräume mit den Fingern nach unten. Bahn für Bahn wandern Sie mit den Fingern Richtung Hüfthöcker bis Sie bei der letzten Rippe angekommen sind.

Bevor Sie mit den Übungen beginnen, stimmen Sie Ihr Vorhaben am besten mit dem behandelnden Tierarzt ab und vergewissern Sie sich, dass er keine Einwände hat. Gleiches gilt, wenn Ihr Pferd während der Übungen Abwehrreaktionen zeigt. Für die Massage sollten Sie immer ausreichend Zeit einplanen und für ein ruhiges, entspanntes Umfeld sorgen. Nehmen Sie ruhig Kontakt mit Ihrem Pferd auf und beginnen Sie mit sanften Ausstreichungen am Hals. Die Handgriffe erfolgen mit sanftem Druck. Fängt das Pferd an zu schnauben oder macht einen insgesamt zufriedenen Eindruck, ist der Druck genau richtig. Führen Sie jede Übung etwa 5–10 Minuten auf jeder Körperseite aus.

Die Übungen ersetzen natürlich keinen Tierarzt oder Therapeuten!

Der Bauch

Beginnen Sie auch hier die Ausstreichungen mit der flachen Hand und fahren Sie langsam und gleichmäßig von vorne nach hinten über die Muskulatur.

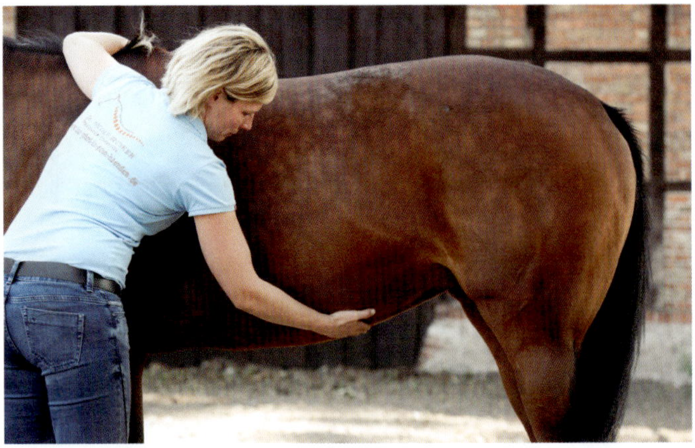

Die Gurtlage

Viele Pferde sind auch in der Gurtlage verspannt. Im Bereich der Gurtlage erfolgen die Ausstreichungen sanft beginnend von oben nach unten. Der Druck kann nach und nach sanft gesteigert werden. Stellen Sie fest, dass Ihr Pferd Abwehrreaktionen oder Unwohlsein zeigt, sollten Sie abbrechen und Gurt sowie Sattel überprüfen.

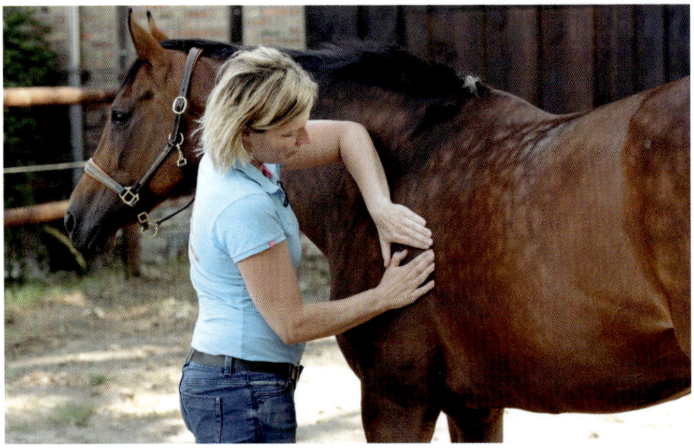

Die Brust

Die Muskeln im Brustbereich gehören zur Atemmuskulatur und können durch häufiges Husten verspannt sein. Um den Bereich zu massieren, spreizen Sie den Daumen von der Hand ab und streichen die Muskulatur mit dem Zwischenraum zwischen Zeigefinger und Daumen von vorne nach hinten aus.

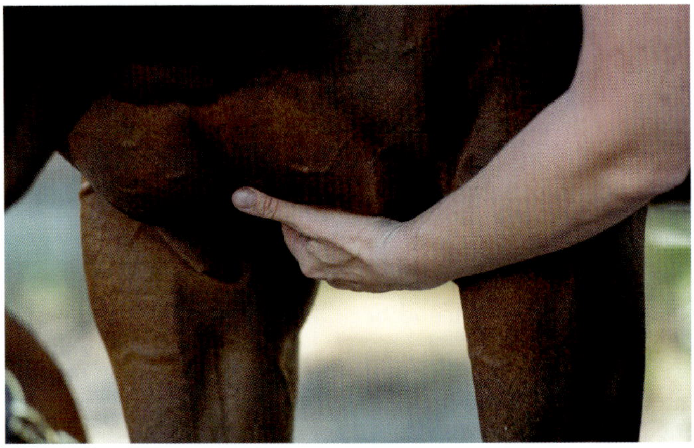

Die Dehnung

Lassen Sie Ihr Pferd jeweils nach rechts und links mit dem Maul einer Möhre folgen. Diese Übung dehnt Faszien und Muskeln der Außenseite des Halses. Wichtig ist, dass das Pferd die Dehnung mindestens 10–45 Sekunden hält, bevor es die Möhre frisst und sich nicht ruckartig bewegt.
Diese Übung bitte nicht machen, wenn das Pferd Befunde an der Halswirbelsäule hat!

Wickel und Wärme

Von jeher wurde Wasser zu Heilzwecken eingesetzt. Als Vater der Wickel und Güsse sind Vincenz Priessnitz (1799–1851) und Sebastian Kneipp (1821–1897) bekannt. Wasseranwendungen werden auch beim Pferd in verschiedenen Formen durchgeführt, zur Entspannung nach dem Training oder zur Verbesserung der Durchblutung beispielsweise. Die Praxis der Wickel findet überall dort Anwendung, wo Krankheitsstoffe aus dem Organismus geleitet werden sollen, die Blutzirkulation reguliert und der Organismus gekräftigt werden soll. Bei Erkrankungen des Atmungsapparates sind Priessnitzsche Wickel eine gebräuchliche Form, um schleimlösende Wirkung zu erzielen.

Priessnitsche Wickel

1. Ein Leinentuch (Bettlaken) wird in handwarmes Wasser getaucht und anschließend ausgewrungen.
2. Das nasse Tuch legt man dem Pferd über die Sattellage, dass es an beiden Seiten herunterhängt und den Bereich der Lunge abdeckt.
3. Über das nasse Laken wird eine Woll- oder Stalldecke gelegt und der Wickel mit einem Deckengurt fixiert.

Der Wickel bleibt so lange am Pferd, bis er getrocknet ist. Dabei kann das Pferd im Schritt geführt werden.

NORDSEE-KUR

Sonne, Salzwasser und Wind – das ist das Rezept, um Erkältungen zu trotzen. Das Klima an der See ist einzigartig und seit Generationen werden Patienten mit Asthma und anderen Atemwegserkrankungen zur Kur an die Nordsee geschickt. Die besonders reine Luft wird als Schonfaktor beschrieben und ist eine Wohltat für beanspruchte, gereizte Atemwege. Dazu ist die Luft weitestgehend frei von Schadstoffen sowie allergieauslösenden Substanzen und hat außerdem einen relativ gleichbleibenden und damit gut verträglichen Feuchtigkeitsgehalt.
Die traditionell geschätzte Wirkung des Nordseeklimas für Erholung, Heilung und Vorsorge lässt sich inzwischen naturwissenschaftlich belegen. Das Nordseeklima wirkt:
- aktivierend auf die Abwehrkräfte.
- stärkend auf das Immunsystem.
- heilend auf die Atemwege.

Ein Aufenthalt am Meer wirkt heilend, kräftigend und harmonisierend auf Haut, Atemwege und nicht zuletzt auf das seelische Wohlbefinden. Letzteres sollte man auch bei Pferden berücksichtigen, denn die Strapazen und der Leidensdruck durch eine Erkrankung können für die Tiere belastend sein.
Ein Spaziergang oder Ausritt am Strand in unmittelbarer Nähe zum Wasser macht nicht nur Spaß – der Organismus profitiert unmittelbar davon. Das Meerwasser setzt heilsame, Aerosole frei, welche bei typischem Nordseewind durch das Versprühen des Meerwassers in die Atemwege gelangen. Die Aerosole enthalten Salzkristalle und wertvolle bioaktive Substanzen, die über Haut und Atemwege aufgenommen werden und durch ihre besonderen Eigenschaften nachhaltige Regenerations- und Heilungsprozesse fördern.

Natursalz besteht aus: Natriumchlorid, Kalzium, Magnesium, Zink, Jod, Kalium, Brom und Fluor. Diese Mineralstoffe und Spurenelemente werden über die Schleimhäute aufgenommen und haben positiven Einfluss auf das Immunsystem. Es kommt zur Zunahme der alveolaren Makrophagen, jener Zellen, die Staubpartikel, Allergene und Mikroorganismen aufnehmen und abbauen.

Es gibt zahlreiche Reitställe an der Nordsee, die Pferde mit Atemwegsproblemen aufnehmen und sogar umfassende Rehamaßnahmen anbieten.

Nordsee-Klima in der Solebox

Doch nicht jeder Pferdehalter kann oder möchte sein Pferd zur Nordsee bringen. Eine aktuelle Therapieform ist die Inhalation gesunder Meeresluft in einem geschlossenen Raum. Dazu wird Solenebel mit Hilfe eines Generators in einen Raum zu dem Patienten geleitet und so fein zerstäubt, dass auch die unteren Atemwege erreicht werden.

Wichtig ist bei diesen Angeboten, dass die Salzkonzentration ausreichend hoch ist, um einen Effekt zu erzielen – empfohlen werden mindestens 4 %.

Die Pferde stehen während der Anwendung in einem Pferdehänger oder einer Pferdebox und atmen die kleinen Salzpartikel ein. Diese legen sich auf die Schleimhäute und wirken antibakteriell auf die Mikroflora der Atemwege.

Durch das Salz verändert sich auch zäher Schleim, da sich nun Wasser einlagern kann. Dies geschieht aufgrund des osmotischen Drucks, der durch das Salz verursacht wird. In der Folge wird zäher Bronchialschleim dünnflüssiger. Außerdem steigt die Schlagfrequenz der Flimmerhärchen, sodass Schleim abgehustet werden kann und sich die körpereigenen Reinigungsmechanismen insgesamt verbessern.

Eine Anwendung dauert etwa 30–45 Minuten, wobei gerade zu Beginn, je nach Krankheitsbild, eine mehrwöchige Kur mit täglichen Anwendungen empfohlen wird. Wichtig ist die anschließende Bewegung nach dem Inhalieren, da diese das Abhusten des gelösten Schleims fördert.

Pferde genießen das Inhalieren des Solenebels – wie hier in der Solebox am Römersee im münsterländischen Heiden.

GEZIELTES TRAINING

von Nina Gockeln

Bei der Ausbildung eines Pferdes zum Reit- oder Fahrpferd spielen Lunge und Atemwege eine sehr große, wenn nicht die entscheidende Rolle, um ein Pferd bis ins hohe Alter mental und körperlich gesund zu erhalten.
Zur Prävention von Atemwegserkrankungen und deren Folgeerscheinungen gilt es, dem Pferd so viele Bewegungsanreize wie möglich zu bieten und ihm die Möglichkeit zu verschaffen, sich auf die Trainingssituation mental einzulassen.
Pferde sind Herden- und Zugtiere, die überwiegend im Schritt kilometerweite Strecken zurücklegen. Diesen Instinkt kann man aufgreifen, indem man die Trainingseinheiten jeweils mit dem Ziehen, beziehungsweise Spazierengehen, in kontinuierlicher Bewegung beginnen und enden lässt. Ziel ist es, die Atmung zu synchronisieren. Dazu sollte der Mensch sich ebenfalls auf eine gleichmäßige Atmung konzentrieren und ruhige, aber kraftvolle Schritte machen, in positiver Körperspannung.
Eine gleichmäßige Atmung verbessert die Sauerstoffversorgung des Organismus und gleichzeitig wird über den Hufmechanismus die Durchblutung angeregt. Durch dieses Ritual kann eine Grundlage für den effektiven Muskelaufbau und die allgemeine Fitness gelegt werden und gleichzeitig wird die emotionale Verbindung zum Reiter gefestigt.
20 Minuten täglich Schritt zu führen sind zur Prävention empfehlenswert. Dies kann in der

Weide und Paddock sind kein Ersatz für kontrollierte Bewegung!

Intensität der Bewegungen, zum Beispiel Hügel und Hänge auf und ab gehen, bereits nach 14 Tagen gesteigert werden.
Pferde, die bereits an chronischen Atemwegserkrankungen leiden und mit einem Bewegungstraining beginnen sollen, werden länger geführt und in der Intensität der Bewegung in den ersten acht Wochen nur leicht gefordert. Hier lautet die Empfehlung: 30–45 Minuten täglich führen auf ebenem Boden.
Besonders angenehm ist es, die Gewöhnungsphase in die Natur zu verlegen. Dort ist es in der Regel staubärmer als in der Reithalle, es gibt Tageslicht und positive Eindrücke für alle Sinne.
Das Schrittlaufen beziehungsweise Aufwärmen in der Führanlage ist kein gleichwertiger Ersatz, da hier die soziale Komponente fehlt und die Pferde sich auf einem relativ engen Zirkel bewegen. In der Natur bewegt sich das Pferd in seichten wellenförmigen Vorwärtsbewegungen geradeaus. Das kann eine Führanlage nicht leisten.
Aus diesen Gründen ist die Vorwärtsbewegung des Pferdes an der frischen Luft im Sozialverband oder mit dem Menschen im Training sehr wichtig und für die Gesunderhaltung sowie die Genesung nicht zu unterschätzen.

Atmen beginnt im Kopf

Pferde sind Fluchttiere und schützen sich im Herdenverband durch das Mehraugenprinzip. Scheut ein Herdenmitglied und wird von den Leittieren die Entscheidung zur Flucht getroffen, synchronisieren sich innerhalb von Millisekunden die Atmung und das Adrenalin der übrigen Herdenmitglieder, sodass alle im selben Tonus fliehen können.

Auch der 32-jährige Pasha genießt einen Spaziergang an der Hand.

Die Synchronisation und das Erspüren von Atmung und Herzschlag sowie Hormonen funktioniert nicht nur mit anderen Herdenmitgliedern, sondern auch mit den Feinden, den Raubtieren. Es ist nicht ungewöhnlich, dass man Löwen und Zebras an einer Wasserstelle friedlich trinken sieht. Die Zebras haben erspürt, dass die Atmung der Löwen ruhig und konstant ist, also keine Gefahr droht.
Diese Übertragungsmechanismen wirken ebenfalls zwischen Mensch und Pferd, ohne dass wir es bewusst merken. Ein ausgeglichener, emotional stabiler und konse-

quenter Mensch kann aus diesem Grund auch mit temperamentvollen, nervösen Tieren umgehen. Im Gegensatz dazu wird ein unruhiger, innerlich aufgeriebener, gestresster Mensch ein Pferd aus dem Ruhezustand in eine erhöhte Pulzfrequenz und höhere Atemfrequenz versetzen. Er vermittelt dem Pferd eine Gefahrensituation und der Organismus wird in Alarmbereitschaft versetzt. Das soll heißen: Die Übertragung von Emotionen hat erheblichen Einfluss auf die Atmung und damit auf die Gesunderhaltung des Pferdes sowie dessen Genesung. Tägliche Schrittbewegung in die gleiche Richtung kann maßgeblichen Einfluss auf das mentale Einlassen aufeinander haben. Das tut nicht nur dem Pferd gut, sondern auch dem Menschen, der viele Stunden am Tag im Bürostuhl oder hinter dem Lenkrad sitzt, unter Rückenschmerzen leidet oder nicht abschalten kann.

Muskelaufbau

Für das junge Pferd sowie für Pferde im Muskelaufbautraining sind Atmung, Blutkreislauf und Herzfrequenz wichtige Parameter. Es dauert etwa sechs Wochen vom Beginn des Trainings bis zur nächsten Stufe, ehe sich der Kreislauf stabil eingestellt hat. Erste Änderungen sind meist in den ersten 14 Tagen schnell zu erkennen, sie haben aber keinen langfristigen Bestand, wenn sie nicht systematisch stabilisiert werden.

Deshalb ist es wichtig, für mindestens sechs Wochen ausschließlich den Fokus auf Kreislauf, Darm, Lunge und Atemwege, Herzfrequenz und Durchblutung zu setzen, um den

Durch die Arbeit an der Hangbahn lässt sich die Intensität der Belastung langsam steigern. Fly ist erfahren und souverän – die perfekte Begleitung für das junge Handpferd.

Grundstein für einen gesunden und effizienten Muskelaufbau zu legen. Diese sechs Wochen bestehend aus Spaziergängen und Beweglichkeits- sowie Geschicklichkeitsübungen aus der Bodenarbeit kann jeder Pferdebesitzer auch selbst übernehmen, auch wenn er plant, sein Pferd in Beritt zu geben. Nach diesen sechs Wochen, bestenfalls ohne Reitergewicht, zeigen sich die Pferde mental deutlich frischer und gelassener. Eine gute Voraussetzung, um mit dem Muskelaufbau zu beginnen.
Atemwegsprobleme können sich in diesen Wochen bereits deutlich bessern und Blockaden im Hals- und Lendenwirbelbereich können sich bereits gelöst haben. Dies ist eine Empfehlung, die in der Praxis bereits gute Erfolge gezeigt hat, doch jedes Pferd ist anders. Daher können individuelle Anpassungen notwendig sein – ein Patentrezept, das für alle Pferde gültig ist, gibt es erfahrungsgemäß nicht.

PRAXISTIPP!

Schwitzen beobachten

Ob ein Pferd gleichmäßig atmet und die Lunge ausreichend mit Sauerstoff versorgt wird, erkennt auch daran, ob das Pferd am ganzen Körper oder nur punktuell beispielsweise am Hals schwitzt.

Nicht Überfordern

Ist ein Pferd bereits an den Atemwegen erkrankt oder leidet unter den Folgeerscheinungen einer Atemwegserkrankung, ist das richtige Maß im Training entscheidend. Schließlich soll das Training positiv wirken und nicht noch zusätzlich belasten. Überforderung bedeutet Stress und Stress schwächt das Immunsystem.
Bei akuten Infekten ist wie beschrieben Ruhe angesagt und Zeit zur Regeneraton. Bei diesen Patienten würde ein Aufbautraining mit höherer Pulsfrequenz das Herzkreislaufsystem unnötig strapazieren. Kleine Spaziergänge an der frischen Luft stärken jedoch das Wohlbefinden und auch Bodenarbeit sowie Übungen zur Beweglichkeit sind in aller Regel fördernd, sofern die Pferde fieberfrei sind. Sie sollten allerdings in Freiluft stattfinden, auf einem möglichst staubfreien und trittsicheren Untergrund, zum Beispiel auf einer Wiese oder einem befestigten Spazierwege. Dabei können immer wieder kleine Pausen zum Grasen eingelegt werden. Die Pausen lassen sich auch gut für eine kräftige Beinmassage mit einer Wurzelbürste nutzen. Das bringt den Lymphfluss zusätzlich in Schwung.
Anzeichen von Überforderung können Augenrollen und Gähnen, ungleichmäßig verteilte Schweißbildung und häufiges Stolpern sein.

Leichttraben vermeiden

Das Leichttraben trägt seine Geschichte bei den Postreitern (16. Jh.), die über viele Kilometer trabten. Postpferde waren meist,

Pferde – wie hier unsere Thea – profitieren auch von Trainingspausen.

blütige, zähe und ausdauernde Pferde mit leichtem Gebäude. Da das Aussitzen bei den leichten Postpferden schnell anstrengend wurde, nutzten die Reiter jede zweite Schwungphase, um nicht nur den Rücken des Pferdes, sondern auch den eigenen zu entlasten. Bei unseren Reitpferden beobachtet man beim Leichttraben in vielen Fällen einen großen Nachteil: in der Phase des Einsitzens drückt der Reiter den Sattel für einen Moment mit seinem Abschwung in einen Akupressurpunkt der hinteren Rückenpartie und zwar einseitig. Die Druckverteilung des Reitergewichts erfolgt einseitig auf dem langen Rückenmuskel. Zugleich strafft sich die Gurtung latent für einen kurzen Moment beim Aufsitzen. Das kann ein Pferd tatsächlich so irritieren, dass es unregelmäßiger atmet, was zu Verspannungen im Rumpf- und Rückenbereich bis hin zu Muskelentzündungen führen kann. Daher sollte der Reiter Druck im hinteren Rückenbereich vermeiden.

Eine Alternative ist der sogenannte Hocksitz. Der Reiter bleibt im Trab in den Bügeln stehen und fühlt sich über einen geschmeidiges Mitschwingen in allen Gelenken in die Bewegung des Pferdes ein. Bei vielen Pferden beobachtet man sofortiges Abschnauben und Lösen sowie ein Öffnen der Ganaschenwinkel. Die Atemwege werden dadurch frei und der Takt gleichmäßiger.
Für das Leichttraben sollten die Bügel deutlich kürzer sein und darauf geachtet werden, dass das Absitzen für das Pferd annähernd unbemerkt erfolgt. Ein Wechsel zwischen dem Leichtraben und dem Hocksitz fördert zusätzlich das Gleichgewicht und die Feinabstimmung zwischen Reiter und Pferd.

Trainingspausen

Sind Trainingspausen in den Übergangsjahreszeiten der Schlüssel für ein langes, gesundes Pferdeleben? Durch den Fellwechsel, den veränderten Stoffwechsel und umgestellten Hormonhaushalt wird der Organismus des Pferdes in diesen Phasen ganz schön belastet. Deshalb besteht in dieser Zeit größere Anfälligkeit für Infekte und es kann sinnvoll sein, die Pferde in den Übergangszeiten für etwa sechs Wochen ohne Reiter und ohne Gurtung zu bewegen – täglich 45–60 Minuten im Mittelschritt führen zum Beispiel. Längere Hangstrecken können, sofern vorhanden, für Übergänge vom Schritt zum Halten und umgekehrt genutzt werden. Wichtig ist, auch wenn es nur ein Spaziergang ist, auf einen gleichmäßigen und fleißigen Takt zu achten.

Nach sechs Wochen kann wieder in das normale Training eingestiegen werden. Viele Pferde kommen so frisch und erholt aus der Pause – körperlich und mental.

Trainingspausen

In den jahreszeitlichen Übergangsphasen hat es sich bei unseren Pferden seit Jahrzehnten bewährt, eine sattelfreie Zeit einzulegen.

Dann bleiben sie etwa sechs Wochen ohne Reiter und ohne Gurtung, werden aber täglich ca. 45–60 Minuten im Mittelschritt spazieren geführt. In Verbindung mit den anderen Faktoren unserer Haltung und Ausbildung hatten unsere Pferde so bis ins hohe Alter – über 30 Jahre – keine Probleme im Fellwechsel.

Nina Gockeln, Trainerin und Ausbilderin

Intervalltraining

Zur Prophylaxe und wenn Bewegung angezeigt und mit dem Tierarzt abgestimmt ist, kann ein individueller Trainingsplan entwickelt werden: Geritten wird möglichst im Freien – auf dem Reitplatz oder im Gelände – in fleißigem Tempo vorwärts geradeaus und auf großen Linien. Arbeitsintervalle und Pausen erfolgen im Wechsel. Ein Beispiel:

- 15 Minuten Schritt zum Aufwärmen
- 60 Sekunden Arbeit und 30 Sekunden Pause im Wechsel; 10 x wiederholen
- 10 Minuten Schritt

Arbeit bedeutet in dem Zusammenhang Trab oder Galopp in fleißigem Arbeitstempo. Zu Beginn kann auch auf Galopp verzichtet werden. Pause heißt Schritt am langen Zügel. Für manche Pferde ist auch das Halten effektiver als Schritt zu reiten. Das Pferd soll gefordert aber nicht überfordert werden.

Mit zunehmender Leistungsfähigkeit können die Intervalle variiert und die Intensität gesteigert werden. Die Länge der Arbeitsphase kann dann zum Beispiel auf 90 Sekunden verlängert werden mit 30 Sekunden Pause dazwischen oder die Wiederholungen auf 15 gesteigert werden.

Praktisch für die genaue Zeitmessung der Intervalle: Es gibt Apps fürs Smartphone oder spezielle Intervall-Timer, kleine Geräte, die man am Handgelenk trägt.

LONGENARBEIT

Wer mit dem korrekten Longieren vertraut ist, kann sein Pferd durch angepasstes Training bei der Genesung unterstützen. Dabei sind die Umstände der Erkrankung zu berücksichtigen: Bei chronisch hustenden Pferden mit starker Verschleimung kann Bewegung angezeigt sein, um Sekret zu lösen. Bei diesen Patienten würde langes Stehen zu einer vermehrten Schleimansammlung führen.

Bronchospasmen, also Verkrampfungen, müssen erst gelöst werden, bevor das Pferd wieder gearbeitet werden kann. Andernfalls besteht auf Grund der tieferen Atmung bei Belastung die Gefahr einer Lungenblähung.

So lange die Ursache einer Atemwegserkrankung nicht geklärt ist, sollte das Pferd sicherheitshalber nur im Schritt bewegt werden. Stimmen Sie dann mit Ihrem Tierarzt ab, ob und in welcher Form Bewegung angezeigt ist. Spricht aus tierärztlicher Sicht alles für leichte Arbeit, ist korrektes Longieren eine gute Wahl, vorausgesetzt Mensch und Pferd sind mit dieser Arbeit auf Distanz vertraut und das Pferd dabei entspannt.

Beim Longieren wird dem Pferd die Möglichkeit gegeben, sich ohne Reitergewicht zu bewegen – mit lang nach vorne gestrecktem, tief getragenem Hals. Durch die Erwärmung und Erschütterung des Körpers durch Bewegung kann sich Schleim lösen und bei gesenktem Kopf rein mechanisch abfließen. Das Pferd soll bei der Longenarbeit entspannt, aber tief atmen.

Erwärmung und leichte Erschütterungen des Körpers in Bewegung tragen zum Abfließen des Schleims bei.

Ziele formulieren

Vor Beginn der Arbeit ist es sinnvoll, ein erreichbares Ziel zu formulieren. Bei einem chronisch hustenden Pferd mit starker Verschleimung beispielsweise wird das Ziel sein, die Atemfrequenz zu erhöhen, den Kreislauf anzuregen und für eine tiefere Atmung zu sorgen. Der Longenführer muss das Pferd genau beobachten. Im Verlauf der Einheit sind Atmung, Schweißbildung und die mehr oder weniger weit aufgestellten Nüstern zu kontrollieren, um zu vermeiden, dass sich das Pferd überanstrengt.

Durch regelmäßige leichte Bewegung kann auch die Ausdauer des Pferdes nach Genesung wieder gesteigert werden. Dies geschieht, wenn Trainingsreize gesetzt werden. So kann zum Beispiel die Anzahl der Trabrunden nach und nach erhöht werden oder nach Schritt und Trab Galopp als Gangart hinzugenommen werden. Zuerst kurze Galopp-Reprisen, dann in Form von Trab-Galopp-Übergängen und schließlich längere Galopp-Intervalle – wobei die Anzahl der Runden gezählt wird.

Wege in die Tiefe

- Arbeit an Stellung und Biegung
  ➪ Zirkel verkleinern (Schritt) und vergrößern (Trab)
- Geraderichten
  ➪ Wechsel zwischen geraden und gebogenen Linien
- Übergänge mit langen Schrittpausen
- Galopparbeit mit anschließender Pause im Halten
- Eine Stange auf dem Boden, die neugierig macht
- Handwechsel mit ausgeschnallten Hilfszügeln

Augen und Ohren öffnen

Betrachten wir das Pferd von vorne nach hinten: Bei angestrengter Atmung sind die Nüstern weiter aufgestellt oder sogar gebläht – höchste Zeit für eine Pause. Die Atmung muss, wie der Takt der Bewegung, gleichmäßig und ruhig sein.

Wenn die Atmung angestrengt klingt oder durch Husten erschwert wird, muss eine Pause eingelegt werden. Nach einer Arbeitsphase im Galopp kann sich die Atmung des Pferdes im Halten manchmal sogar besser beruhigen als im Schritt. Lassen Sie das Pferd einen Moment stehen. Manchmal kommt es zu einem Stoßseufzer, und dann geht es weiter im Schritt. Wenn während der Arbeit an der Longe Sekret in den Nüstern erkennbar ist, ist dies ein gutes Zeichen – Schleim löst sich und fließt ab. Beobachten Sie auch die Schweißbildung während der regelmäßigen Pausen. Fühlen Sie dazu mit der Hand das Fell an Hals und Flanken. Das Pferd darf zwar leicht schwitzen, sollte aber natürlich nicht an seine Leistungsgrenze gebracht werden.

Mit Gurt und Hilfszügeln

Oft wird die Frage gestellt, warum mit Hilfszügeln und nicht nur mit Halfter oder mit Kappzaum longiert werden soll. In unserem Fall beantwortet das formulierte Ziel und der Weg dahin diese Frage: Ziel ist es , dass sich das Pferd mit langgestrecktem Hals nach vorne unten dehnt.

Wenn während der Arbeit an der Longe Sekret in den Nüstern erkennbar ist, ist dies ein gutes Zeichen – der Schleim löst sich und fließt ab.

Nicht ohne Absprache!

Wer in der Lage ist, sein Pferd auf Distanz kontrolliert zu arbeiten – ob frei oder mit Ausrüstung – kann sein Pferd gezielt bei der Genesung unterstützen. Holen Sie sich aber in jedem Fall das Okay Ihres Tierarztes.

Sigrid Weppelmann, Trainerin A

Das korrekt ausgebildete Pferd sucht das Gebiss, die Anlehnung oder den Weg in die Tiefe. Diese Anlehnung bietet der Mensch dem Pferd feinfühlig an. Entsprechend der Reitlehre handelt es sich bei der Anlehnung um die stets weich federnde Verbindung zwischen Menschenhand und Pferdemaul. Hilfszügel begrenzen seitlich die Beweglichkeit des Halses. Die ausreichend lang gewählte Verschnallung ermöglicht eine Nickbewegung im Hals nach vorne. An der Longe unterstützen statt der weich federnden Hand Hilfszügel die Suche nach dem Gebiss.
Laufferzügel oder Dreieckszügel eignen sich dafür sehr gut. Diese sind so befestigt, dass die Riemen seitlich durch den Gebissring gleiten. Die Länge des Pferdehalses wird bei langer Verschnallung nicht eingeschränkt. Das Pferd kann den Hals tief tragen.

Verschnallung der Hilfszügel

Die Hilfszügel werden auf beiden Seiten gleich lang verschnallt, denn die Biegung des Pferdes wird erarbeitet und nicht etwa durch einen kurzen inneren Hilfszügel erzwungen. Biegend wirkt die Peitsche in Höhe der Schulter ein. Hängt der innere Hilfszügel leicht durch und der äußere steht an, ist das Pferd nach innen gestellt. Beim Reiten oder Fahren würde jetzt der innere Zügel oder die Leine nachgefasst. Hängt der innere Hilfszügel an der Longe durch, ist das ein Zeichen für die funktionierende diagonale Hilfengebung. Der durchhängende Hilfszügel zeigt, dass die innere Halsseite durch die Biegung kürzer ist als die äußere.
Diagonal wirkt die Peitsche zu den äußeren Hilfen ein. Sie wirkt auf Höhe der inneren Schulter oder in Höhe des Longiergurtes, wo unter dem Reiter der innere Schenkel einwirkt.

Auf der anderen Seite – diagonal dazu – wird das Pferd durch den äußeren Hilfszügel begrenzt. Der äußere Hilfszügel wird so lang verschnallt, dass die äußere Halsseite sich entsprechend der Biegung nach innen dehnen kann. Bei korrekter Biegung steht er leicht an. Ein Wechselspiel von Arbeit in korrekter Biegung und Arbeit auf der Geraden entspannt das Pferd und regt es dazu an, den Hals fallen zu lassen. Pferde, die von sich aus den Weg in die Tiefe suchen, können auch ohne Hilfszügel longiert werden. Ein Kappzaum wirkt auf die empfindlichen Nerven des Nasenrückens beim Pferd ein. Wer damit korrekt arbeitet, kann natürlich auch auf diese Weise arbeiten.

PRAXISTIPP!

Häufiger Handwechsel

Nicht zu lange auf einer Hand arbeiten. In 5-minütigen Abständen einen Handwechsel an der Longe einplanen.

Die Bewegung am Halfter ohne Gurt und Ausbinder erlaubt dem Brustkorb, sich ohne Einschränkung zu öffnen und unterstützt die physiologische Ein- und Ausatmung. Insbesondere die kleinen Muskeln zwischen den Rippen (Mm. intercostalis ext. und int.) entspannen bei der freien Bewegung.

BEMER-THERAPIE

Atemwegserkrankungen, egal welchem Ursprungs, führen über immer zu einer Verminderung der Sauerstoffversorgung im Organismus und damit zu Einschränkungen der Leistungsfähigkeit und Lebensqualität.

In der Humanmedizin gewinnt die gezielte Optimierung der Sauerstoffversorgung im Körper an Bedeutung – und auch für Pferde gibt es diese Möglichkeit in Form einer Weiterentwicklung der Magnetfeldtherapie, der Bemer-Therapie.

Die Anwendung erfolgt über eine Decke, die mit Magnetspulen ausgestattet ist, die ein Magnetfeld erzeugen, wenn die Decke in Betrieb ist. Zusätzlich wird über das Magnetfeld ein spezielles physikalisches Signal in das Pferd übertragen, das sogenannte Bemer-Vet-Signal. Dieses soll man sich wie eine Sequenz von aneinandergereihten Einzelimpulsen vorstellen, deren Amplituden und Frequenzen variieren. Dies klingt für den Laien sehr abstrakt. Konkreter und praxisbezogen ist der Nutzen den diese Technik verspricht, wie zum Beispiel:

- Verbesserung die Mikrozirkulation
- Förderung von Stoffwechsel und Zellaktivität
- Steigerung der Leistungsfähigkeit
- Verbesserung der Infektabwehr

In der Wissenschaft wird die Wirksamkeit von Magnetfeldtherapien und auch der speziellen Bemer-Decke noch nicht allgemein akzeptiert. In der Praxis gibt es jedoch zahlreiche positive Erfahrungen in ganz unterschiedlichen Anwendungsbereichen, unter anderem auch zur unterstützenden Therapie bei Atemwegserkrankungen.

Die Decken müssen dazu nicht zwangsläufig angeschafft werden, es gibt auch Therapeuten und Anbieter, die Bemer-Decken für einige Wochen vermieten.

Bemer-Partner finden Sie unter:
deutschland.bemergroup.com

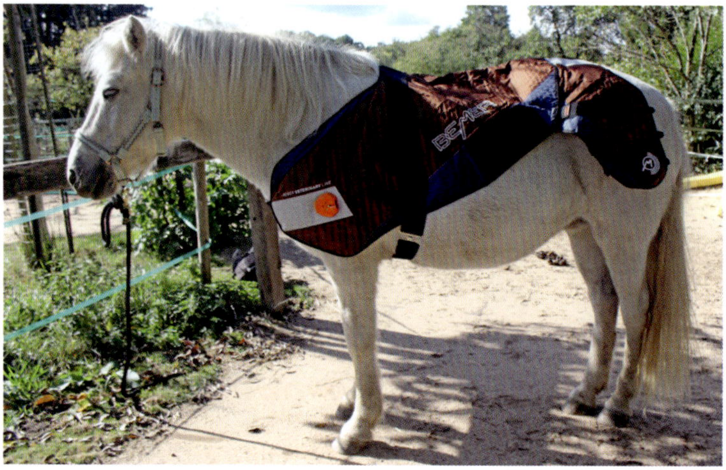

Bemer-Decke im Einsatz.

SERVICE

HALTUNG & HAFTUNG

von Wolgang W. Horn

Fehler sind rechtlich relevant

Defizite in Fütterung, Haltung und Umgang mit Pferden sind keine Kavaliersdelikte und vor allem sind diese keine Privatsache.

Die häufigsten Ursachen für Gesundheitsbeeinträchtigungen bei Pferden, insbesondere auch Atemwegserkrankungen, sind: falsche Haltung, falsche Fütterung und falsches Reiten. Und diese Faktoren sind sowohl rechtlich relevant und auch justiziabel, wie man beispielsweise dem denkwürdigen Urteil des Amtsgerichts Starnberg aus dem Jahr 2012 entnehmen kann, durch welches eine Dressurreiterin zu einer Geldstrafe von 27.000 Euro verurteilt worden ist, weil sie ihre Pferde u. a. nicht auf die Weide gelassen hat.

Es muss zwar nicht gleich der Staatsanwalt drohen, aber zivilrechtliche und gegebenenfalls auch verwaltungsrechtliche Folgen stehen sehr wohl im Raum. Deutschland hat ein strenges Tierschutzgesetz und jeder, der mit Pferden (und auch anderen Tieren) Umgang hat, sollte sich dessen § 2 verinnerlichen:

»Wer ein Tier hält, betreut oder zu betreuen hat,

1. muss das Tier seiner Art und seinen Bedürfnissen entsprechend angemessen ernähren, pflegen und verhaltensgerecht unterbringen,
2. darf die Möglichkeit des Tieres zu artgemäßer Bewegung nicht so einschränken, dass ihm Schmerzen oder vermeidbare Leiden oder Schäden zugefügt werden,
3. muss über die für eine angemessene Ernährung, Pflege und verhaltensgerechte Unterbringung des Tieres erforderlichen Kenntnis und Fähigkeiten verfügen.«

Dieses Gesetz richtet sich an jeden, nicht etwa nur an Stallbetreiber oder andere, professionell mit Pferden umgehende Menschen und/oder Unternehmen. Auch der ganz private Tierhalter unterfällt dem Gesetz. Und nach einer Phase, in der die Handhabung des Gesetzes relativ nachlässig erfolgte, ist in den vergangenen Jahren eine zunehmend verschärfte Durchsetzung durch die Veterinärämter und letzten Endes dann auch die Gerichte zu verzeichnen.

Kurz gesagt: Ein Pferd braucht Gesellschaft, Licht, Luft, freie Bewegung und ordentliches Futter. Wer ihm dieses nicht bietet, hat ein namhaftes Problem. Möglichkeiten eines Verstoßes gibt es viele. Nur einige Beispiele:

- Das Pferd wird beim Reiten überfordert.
- Die Box, in der es gehalten wird, ist zu klein und/oder zu dunkel.
- Das Pferd kommt nicht auf die Weide oder den Paddock.
- Das Futter ist staubig und/oder verschimmelt.
- Die Reithalle wird nicht ordentlich bewässert und staubt. Dto. die Außenreitplätze.
- Akute Atemwegserkrankungen werden nicht erkannt und/oder falsch behandelt und werden chronisch.

Diese Liste ließe sich noch wesentlich erweitern.

Mitverschulden im Haftungsfall

Eine Standardsituation bei Streitigkeiten ist das Verhältnis zwischen Einstaller und Betreiber. Der Einstaller kann sagen: »Was kann ich dafür, wenn mein Stallbetreiber schlechtes Heu und Stroh einkauft, staubigen Hafer füttert, die Reithalle nicht beregnet und die Wiesen so mat-

Stallbetreiber oder Pferdebesitzer – Wer ist verantwortlich?

schig sind, dass die Pferde nicht raus können?« Grundsätzlich hat der Einstaller zwar insoweit recht, als jeder Stallbetreiber von sich aus verpflichtet ist, sach- und fachkundig zu füttern, schlechte Einstreu zu vermeiden und auch ansonsten die Anlage in Ordnung zu halten. Jeder Stallbetreiber ist Tierhüter im Sinne des Gesetzes und kann sich aus der Haftung nur befreien, wenn er sach- und fachgerecht gehandelt hat. Aber vordringlich ist der Pferdehalter selbst für das Wohl seines Pferdes verantwortlich. Er muss im Falle des Auftretens von Mängeln in der Haltung versuchen, diese abzustellen, und notfalls sogar auch den Stall wechseln. Ansonsten wird ihm im Haftungsfall zivilrechtlich ein Mitverschulden nach § 254 BGB vorgeworfen werden (das bis zu 100 % gehen kann), und straf- und verwaltungsrechtlich steht er ohnehin voll in der Haftung.

Vordringlich ist der Pferdehalter selbst für das Wohl seines Pferdes verantwortlich. Es wird leider oft verkannt, wie weit die Folgen des Tierschutzgesetzes reichen, und insbesondere die Gefahr verwaltungsrechtlicher Probleme ist wenigen bewusst. Aufgrund des Tierschutzgesetzes können die zuständigen Behörden nämlich Auflagen für die Tierhaltung erteilen und Zwangsgelder androhen. Und wenn das alles nichts nützt, können sogar Tierhaltungsverbote ausgesprochen werden, und die Tiere dann von Amts wegen weggenommen und veräußert werden. Hiergegen gibt es zwar Rechtsmittel, dem Unterzeichner ist aber kein einziger Fall aus den vergangenen Jahren bekannt, in dem die Einlegung eines Rechtsmittels im Fall des Verstoßes gegen Tierhaltungsgesetze von Erfolg gekrönt gewesen sei. Hier sind die Gerichte unerbittlich.

Mitverantwortung ernst nehmen

Wie kann aber der verunsicherte Tierhalter überhaupt erkennen, ob eine möglicherweise gesundheitsgefährdende Haltungsweise vorliegt? »Tierquälerei« ist ein weiter Begriff, und natürlich will ja grundsätzlich niemand sein Pferd, das ihm lieb und teuer ist, quälen. Jeder Fall ist allerdings ein Einzelfall, generelle Empfehlungen sind daher schwierig. Es hilft aber auf jeden Fall, sich zu informieren. Fragen Sie Fachleute, sprechen Sie mit einschlägigen Organisationen (wie z.B. Landwirtschaftskammern, Landesverband, FN), halten Sie Augen und Ohren offen, nehmen Sie an einschlägigen Veranstaltungen und Seminaren teil – es ist vor allem wichtig, dass Sie ein Gespür dafür bekommen, wenn Haltungsumstände und/oder ein sonstiger Umgang mit Ihrem Pferd gesundheitsgefährdend werden könnte.

Hilfreich ist auch, sich die Tierschutzleitlinien des Bundesministeriums für Ernährung und Landwirtschaft anzusehen (unter: www.bmel.de/DE/Tier/Tierschutz, dort dann »artgerechte Tierhaltung«). Sie finden dort neben weiteren interessanten Hinweisen zum Tierschutz die Leitlinien für den Pferdesport sowie die Leitlinien für die Beurteilung von Pferdehaltungen. Wie der Name sagt, handelt es sich zwar lediglich um Leitlinien und nicht etwa gesetzliche Regelungen. Sie können aber davon ausgehen, dass im Streitfall die – in Pferdeangelegenheiten in aller Regel sehr unerfahrenen – Gerichte sich im Zweifel bei ihren Entscheidungen an diesen Leitlinien orientieren werden. Jedenfalls haben Sie sicher nichts falsch gemacht, wenn Sie im Falle eines Rechtsstreits darlegen und nachweisen können, dass Sie sich bei Ihrem Umgang und der Haltung Ihres Pferdes an diesen Leitlinien orientiert haben.

Sollte es zu einer Auseinandersetzung kommen, sollten Sie diese keinesfalls selbst zu lösen versuchen, sondern von Vornherein einen fachkundigen Anwalt konsultieren. Der Autor hat mehr als einmal erlebt, dass sich die Betroffenen gegenüber Behörden und Gerichten bereits sprichwörtlich um Kopf und Kragen geredet hatten, bevor sie sich rechtlich beraten ließen.

Allen mit Pferden umgehenden Parteien kann des Weiteren auch nur angeraten werden, sich ausreichend zu versichern. Hierzu gehört für Stallbetreiber unabdingbar eine Versicherung, welche Schäden an Kundenpferden abdeckt. Außerdem sollten alle Parteien möglichst eine Rechtsschutzversicherung haben, denn die Streitigkeiten in Pferdeangelegenheiten sind oftmals langwierig und teuer. Die Verfahren gehen selten aus, ohne dass seitens der Gerichte ein teures Sachverständigengutachten eingeholt wird.

Um aber solchen Streitigkeiten gar nicht erst Vorschub zu leisten, sollten Sie sich noch einmal die wichtigen Schlagworte verinnerlichen:

- sach- und fachgerechtes Reiten
- Licht
- Luft
- ausreichend Bewegung
- keine Einzelhaltung
- gutes Futter.

Können Sie hinter jeden dieser Begriffe jeweils einen positiven Haken machen, ist das nicht nur eine gute Basis für die Gesundheit Ihres Pferdes. Sie haben außerdem die Wahrscheinlichkeit für juristischen Ärger minimiert.

DIE LÖSUNG FÜR PAMINA: SELBSTVERSORGER!

Pamina wuchs artgerecht im Herdenverband mit viel frischer Luft und Weidegang auf.
Alles war gut – bis die Reitponystute im Alter von sieben Jahren wie alle Pferde in unserem Stall einen Virusinfekt mit Bronchitis bekam.
Der Tierarzt kam, behandelte, der Infekt klang ab und nach drei Wochen war alles gut.
Leider nur für sehr kurze Zeit: Schon wenige Tage später rief mich der Stallbesitzer an.
Ich kam und fand mein Pony mit doppelter Atemfrequenz und deutlicher Dampfrinne vor. Der Tierarzt gab Cortison und diagnostizierte eine Stauballergie.
Nun begann die Suche nach einem geeigneten Pensionsstall. Zunächst stand Pamina in einer offenen Scheune auf Spänen mit nassem Heu. Da die Nachbarpferde aber trockenes Stroh und Heu bekamen, half das nur bedingt.
Wir wechselten in einen Stall, in dem alle Pferde auf Spänen standen. Doch auch hier wurde teilweise trockenes Heu gefüttert, mein Pony reagierte mit Atemnot.
Der nächste Stall war ein Offenstall mit Extraabteil für Allergiker: sehr offen, Silage statt Heu – aber Stroh als Einstreu. Es wurde besser, aber nicht gut. Lediglich im Sommer bei ganztägigem Weidegang verschwand der Husten weitgehend, doch immer wieder musste Pamina Schleimlöser und Bronchienerweiterer bekommen.
Ich beschloss, meine Ponys in Eigenregie zu halten. Pamina war mittlerweile 12 Jahre alt und hustete chronisch seit fünf Jahren.
In einem kleinen Offenstall hinter dem Haus konnte ich die Haltung radikal umstellen: Nun gab es keine Einstreu mehr, lediglich Stallmatten. Als Futter nur noch nasses Heu oder Heulage. Dabei stellte sich heraus, dass Pamina mit Heulage sehr viel besser zurechtkam, als mit gewässertem Heu – also gab es bald nur noch Heulage.
Alle Allergene wurden so gut es ging vermieden. Medikamente bekam das Pony nicht mehr. Nach weiteren drei Jahren, in denen wir die staubarme Haltung konsequent umsetzten, kam der große Moment: Der Tierarzt konnte erstmalig beim Abhören feststellen, dass die Lunge völlig frei war. Pamina war wieder vollständig leistungsfähig und auch leistungsbereit. Alle Änderungen und bisweilen Mehrarbeit hatten sich gelohnt. Pamina starb im Alter von 29 Jahren – mit einer intakten und funktionierenden Lunge.

Britta Sch.

PFERD & RECHT

von Petra Pillich

Sind Pferde mit Allergie mangelhaft?

Es stellt sich die Frage, ob bei der Häufigkeit der heute festgestellten Allergien bei Pferden diese überhaupt einen Mangel darstellt. Leider kann die Frage – ist eine Allergie ein Mangel – nicht pauschal beantwortet werden.

Ein Kaufvertrag über ein Pferd stellt einen Kaufvertrag über eine Sache mittlerer Art und Güte dar. Wenn also nichts Besonderes in dem Vertrag geregelt ist, muss ein Pferd alle Eigenschaften aufweisen, die denen mittlerer Art und Güte gerecht werden. Da Pferde zwar den Sachen gleichgesetzt werden, aber nicht wie Sachen sind, gibt es Unterschiede. Ein Fohlen ist eine »neue Sache«. Bei einem Fohlen wäre eine Allergie ein Mangel. Bei einem älteren Pferd ist die Allergie schon weniger ein Mangel – je nachdem, als was das Pferd verkauft worden ist, was also vertraglich vereinbart war. Ein Pony für die Jugendreiterwettbewerbe wird auch mit Allergien das leisten können, wofür es gekauft worden ist. Ein Pferd, welches als S-Springpferd gekauft wurde, ist sicherlich mangelhaft, wenn es Allergien hat, die mit den sportlichen Anforderungen nicht mehr in Einklang zu bringen sind. Entscheidend ist also immer der Einzelfall.

Es dürfte wohl keinen Mangel darstellen, wenn ein älteres Freizeitpferd bei der Übergabe unauffällig war, und sich dann eine Allergie entwickelt – das kann im Laufe des Lebens nun mal passieren.

Käufer sind weitgehend abgesichert, wenn sie den Verkäufer schriftlich (bzw. beweissicher) garantieren lassen, dass das Pferd keine Allergie hat, dann ist die Gesundheit frei von Allergien zugesichert – verschuldensunabhängig. Wird also später eine Allergie festgestellt, kann an Minderung und/oder Schadensersatz gedacht werden.

Der Verkäufer ist jedenfalls schlecht beraten, wenn er die Allergie verheimlicht, er aber die Symptome erkannt hat und das Pferd zu einer Zeit verkauft, wo die Allergie nicht zu erkennen ist. In dem Fall läge Arglist vor, da hilft auch der typische Gewährleistungsausschluss nicht. Da haftet der Verkäufer weiter und zeitlich länger. Allerdings wird man die Arglist oft nur schwer beweisen können.

In einem Kaufvertrag sollte klar definiert werden, zu welchem Zweck das Pferd/ Pony gekauft wird und welche Eigenschaften es mitbringen muss. Es kann jedenfalls nicht schaden, wenn sich der Käufer zusichern lässt: *Das Pferd/ Pony hat keine Allergien.*

Pferdebesitzer sind mit speziellen rechtlichen Fragen konfrontiert, die kompetente Beratung erfordern.

SCHLUSSGEDANKEN

Die Beiträge in diesem Buch zeigen, wie komplex das Thema Atemwegserkrankungen bei Pferden ist.

So individuell der einzelne Krankheitsverlauf auch ist, so individuell muss das Behandlungskonzept aussehen – allen voran die gewissenhafte Diagnostik. Auch wenn es keine pauschalen Ratschläge und Patentrezepte gibt, lässt sich doch als Fazit festhalten:

- Husten darf nicht auf die leichte Schulter genommen werden!
- Eine akute Atemwegserkrankung muss möglichst umgehend konsequent behandelt werden.
- Pferde mit akuten, fieberhaften Erkrankungen dürfen auf keinen Fall geritten werden und brauchen Boxenruhe!
- Das Urteil chronisch bedeutet nicht unbedingt unheilbar.
- Chronische Atemwegserkrankungen sind bei möglichst artgerechter Haltung weitgehend vermeidbar.
- Pferde mit chronischen Atemwegserkrankungen können sich nur in dauerhaft staubarmer Umgebung erholen.
- Bronchospasmen, also Verkrampfungen er Bronchialmuskulatur, müssen erst gelöst werden, bevor das Pferd wieder geritten werden kann.
- Voraussetzung für eine erfolgreiche Behandlung und Vorsorge ist eine ganzheitliche Betrachtung der Lebens- und Gesundheitssituation der Pferde.
- Pferde profitieren von der interdisziplinären Zusammenarbeit von Tierärzten, Therapeuten und betreuenden Personen.

Vielleicht konnten die angesprochenen Themen den einen oder anderen Anstoß geben, Haltungsveränderungen in der Praxis umzusetzen, sind diese doch der zentrale Aspekt, um Atemwege gesund zu erhalten. Sicher müssen dazu bisweilen alte Gewohnheiten überdacht und geändert werden. Im Einzelfall ist auch das offene Gespräch mit dem Stallbetreiber und dessen Kooperationsbereitschaft notwendig. Doch letztlich lohnt sich jede Veränderung, die dem Pferd eine staubarme und artgerechtere Unterbringung ermöglicht.

Fürsorge ist auch Vorsorge, um Pferde bestmöglich vor Erkrankungen zu schützen!

Für die fachliche Beratung und Unterstützung bedanke ich mich herzlich bei:

Dr. med. vet. Nicole Beusker

Die praktische Tierärztin aus Warendorf hat eine Ausbildung zur Chiropraktikerin für Pferde am American Institute of Chiropractic in Hamburg absolviert. Sie führt eine Überweisungspraxis mit dem Schwerpunkt manuelle Behandlungsmethoden. Die Überprüfung von Sattel und Zubehör sowie Zahn- und Gebisskontrollen gehören für sie zu jeder kompletten Untersuchung und Beratung.

Kontakt: www.ihr-pferd-in-guten-haenden.de

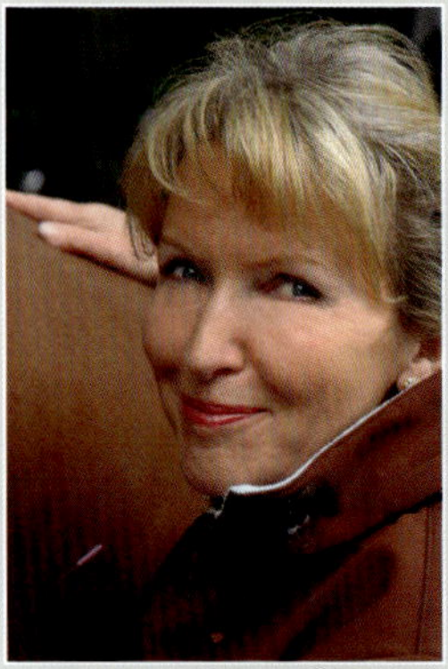

Dr. med. vet. Ina Gösmeier

Die praktische Tierärztin trägt die Zusatzbezeichnung *Akupunktur* und *Certified Veterinary Chinese Herbalist (CVCH) by Chi Institute and China National Society of TCVM*. Sie führt eine Überweisungspraxis für traditionelle chinesische Veterinärmedizin in Marl-Sinsen und erwarb den Abschluss zum Tierkinesiologie Practitioner der Wings Tierkinesiologie. Seit 2002 begleitet sie die Pferde der deutschen Equipe auf Championaten.

Kontakt: www.goesmeier.de

Nina Gockeln

Die Ausbilderin bietet Lehrgänge und Seminare zu verschiedenen Schwerpunktthemen an. Zu ihren Angeboten gehören Bodenarbeit und Gelassenheitstraining, Stangenarbeit oder Training auf der Hangbahn, ein Gelände- und Muskelaufbautraining ohne Hindernisse. Außerdem bildet sie Berittpferde aus Eine ganzheitliche, individuelle Betrachtung bei der Ausbildung von Pferd und Reiter sind Basis ihrer Arbeit.

Kontakt: www.horse-n-balance.de

Wolfgang W. Horn Advocaat; Legal Counsel

Der Jurist war als Rechtsanwalt, EU-Advocat und Mediator mit Schwerpunkt auf dem Gebiet des hippologischen Rechts tätig. Seit Mitte 2017 berät und vertritt er als Legal Counsel die Mandanten der Kanzlei Bavelaar & Bavelaar Advocaten Rechtsanwälte u.a. in Angelegenheiten des deutschen, niederländischen und Schweizer Pferderechts. Er ist Autor, Referent und Mediator für außergerichtliche Konfliktlösungen.

Kontakt: wolfgang.horn@bavelaar.nl

Susanne Kleemann

Die klassische Tierhomöopathin hat Tiermedizin, Ethologie, Psychologie und klassische Homöopathie an der Schule für Tierhomöopathie (animalmundi) studiert. Sie führt eine Praxis für klassische Tierhomöopathie in Köln. Ihr Wissen gibt sie gerne in Webinaren und Vorträgen an interessierte Pferdebesitzer weiter. Zudem sind ihr Weiterbildungen sowie die Mitarbeit in einem Supervisionsarbeitskreis wichtig.

Kontakt: www.kleemann-tierheilpraxis.de

Dr. med. vet. Ulrich Mengeler

Der praktische Tierarzt ist Inhaber einer tierärztlichen Praxis für Pferde in Hamminkeln am Niederrhein. Seine Schwerpunkte sind Orthopädie, Geriatrie und Atemwegserkrankungen. Außerdem ist er Referent bei tierärztlichen Fortbildungen sowie Veranstaltungen für Pferdehalter und betreibt wissenschaftliche Forschung und Arbeit im Rahmen des Praxisbetriebs mit Veröffentlichungen in der aktuellen veterinärmedizinischen Fachliteratur.

Kontakt: www.dr-mengeler.de

Petra Pillich

Die Rechtsanwältin und Notarin ist Fachanwältin für Bau- und Architektenrecht und Fachanwältin für Miet- und Wohnungseigentumsrecht. In ihrer Freizeit widmet sie sich ihrer Familie und dem Reitsport. Früher war sie als Vierkämpferin sowie in der Dressur (bis L) und im Springen (bis M) aktiv, heute freut sie sich über die ersten Reitversuche ihrer drei Kinder.

Kontakt: Petra.Pillich@gmx.de

Tina Wassing

Die praktische Tierärztin aus dem münsterländischen Ahaus studierte an der Justus-Liebig-Universität Gießen und führt seit 2000 eine mobile Praxis für Pferde. Ihr Schwerpunkt ist die Biologische Tiermedizin. Außerdem hält sie Fortbildungsreferate auf diversen Fachtagungen und veröffentlicht diverse Beiträge in tierärztlichen Fachzeitschriften.

Kontakt: tinawassing@web.de

Sigrid Weppelmann

Die Trainerin A (FN) hat die Zusatzqualifikation »Reiten als Gesundheitssport«. Ängstliche Reiter, Kinder und Jugendliche, Späteinsteiger oder Turnierreiter werden von ihr zielgerichtet unterrichtet. Stets vor Augen hat sie den harmonischen Umgang und das effektive Miteinander von Mensch und Pferd. Sie ist Mit-Autorin des im Müller Rüschlikon erschienenen Buches »Longieren – In kleinen Schritten zu großen Kreisen«.

Kontakt: www.pferderleben.de

Nützliche Adressen

Haltung

Auf der Homepage der LAG (Arbeitsgemeinschaft Laufstall) gibt es eine interaktive Karte, die alle zertifizierten LAG-Ställe zeigt.
www.lag-online.de/stallkarte/

Gesundheit

Eine Liste von Tierärzten, die sich mit Naturheilverfahren beschäftigen:
Zentralverband der Ärzte für Naturheilverfahren e.V.
Am Promenadenplatz 1
D-72250 Freudenstadt
www.zaen.org

Gesellschaft für ganzheitliche Tiermedizin e.V. (GGTM)
Geschäftsstelle
Dahlienstraße 15
D-53332 Bornheim-Waldorf
www.ggtm.de

Akupunktur
Eine Liste von Tierärzten mit der Zusatzbezeichnung Akupunktur können bei den zuständigen Tierärztekammern angefordert werden.

Gesellschaft für Veterinär-Chiropraktik
Waldweg 3
D-27419 Sittensen/OT Freetz
Tel.: 04282/591850
www.vet-chiropraktik.de

Verband freier Tierheilpraktiker e.V.
Auestraße 99
D-27432 Bremervörde
Tel.: 04764/12 42
www.freie-tierheilpraktiker.de

Pferde-Osteotherapeuten
Adressenlisten unter:
www.pferdeosteotherapeuten.de

Homöopathische Mittel
unterliegen in Deutschland, Österreich und der Schweiz dem Arzneimittelgesetz. Sie erhalten Homöopathika in vielen Apotheken und direkt bei den Herstellern.

DHU-Arzneimittel GmbH
Ottostraße 24
D-76227 Karlsruhe

Staufen-Pharma Göppingen
Bahnhofstraße 33-35
D-73033 Göppingen

MV-Versand Homöopathieversand München
Große Auswahl an leeren und befüllten homöopathischen Etuis
Aiblinger Str. 10
D-83043 Bad Aibling
www.muenchen-versand.de

FeedScanner von Ströh
Kostenloses Online-Tool für markenneutrale Futterlösungen u.a. bei Problemen der Pferde.
www.stroeh.de/feedscanner.php

Zum Weiterlesen
aus dem Verlag Müller Rüschlikon

- Romo Schmidt
  Pferde artgerecht halten: Paddockbox, Offenstall, Laufstall, Bewegungsstall
  Stuttgart 2015

- Hans-Peter Karp
  Gesunde Pferdefütterung
  Stuttgart 2018

- Sabine Heüveldop, Annette Hackbarth
  Alte Pferde: Altersgerechte Haltung, Pflege und Bewegung
  Stuttgart 2015

- Ina Gösemer, Sabine Heüveldop
  Pferde – gesund und vital durch Bachblüten
  Stuttgart 2009

- Sigrid Weppelmann, Sandra Mensmann
  Longieren: In kleinen Schritten zu großen Kreisen
  Stuttgart 2015

- Kaja Kreiselmeier
  Gesunde Pferde durch Heilkräuter
  Stuttgart 2017